화학 혁명

세상을 바꾼 화학의 역사

초판 1쇄 발행 2024년 3월 18일

지은이 사이토 가쓰히로 | **옮긴이** 김정환 | **감수** 김경숙

펴낸이 윤상열 | **기획편집** 최은영 김민정

디자인 공간42 | **마케팅** 윤선미 | **경영관리** 김미홍

펴낸곳 도서출판 그린북 | **출판등록** 1995년 1월 4일(제10-1086호)

주소 서울시 마포구 방울내로11길 23 두영빌딩 302호

전화 02-323-8030~1 | **팩스** 02-323-8797

이메일 gbook01@naver.com | **블로그** greenbook.kr

ISBN 978-89-5588-462-3 03430

세상을 바꾼
화학의 역사

화학혁명

사이토 가쓰히로 지음
김정환 옮김 | 김경숙 감수

그린북

머리말

　인류는 역사가 시작될 무렵부터 별을 바라보며 영원에 관해 생각하고, 꽃을 바라보며 생명에 관해 고찰해 왔다. '영원'이나 '생명'은 '물질의 궁극적인 구조와 성질'이라고 바꾸어 말할 수 있을 것이다.

　고대인은 오행설(목木·화火·토土·금金·수水)을 통해 자연의 변화를 설명했고, 원자론을 통해 자연의 구조를 설명했다. 다만 노파심에서 말하는데, "원자론을 통해서 설명했다."라고 말하면 먼 옛날부터 '원자'의 존재를 알고 있었다는 의미로 받아들이는 사람도 있을지 모르지만 그렇지는 않다. 당시의 원자론은 공상적인 개념론일 뿐, 자연 관찰이나 실험을 통해 알아낸 것이 아니었다.

　이후 연금술이 성행했던 중세, 나아가 대항해시대, 산업혁명 시대의 실제적 경험을 거쳐 '뉴턴역학'이 태어났고, 여기에 호응해 20세기 초의 근대 화학이 탄생했다. 그러나 이것은 동시에 근대 화학의 한계를 드러내는 출발점이기도 했다. 20세기에 들어서자 상대성이론과 양자역학이 탄생하면서 물리와 화학의 세계가 격동의 시대에 돌입하기 때문이다.

　상대성이론은 거대·고속을 연구하는 극대의 이론이다. 반면에 양자역학은 미세·진공을 연구하는 극소의 이론이다. 화학은 양자역학을 도입해 '양자 화학'이라는 완전히 새로운 화학 분야를 확립했다. 양자 화학은 분자궤도법적인 양자 화학 계산을 수단으로 삼아 물질과 양자역학을 연결하는 학문이다. 양자역학을 다루지 않고 현대 화학을 설명하는 것은 너무나 무모한 행위라고 해도 과언이 아니다.

한편, 생명을 연구 대상으로 삼는 생화학은 20세기에 들어와 핵산 (DNA, RNA)의 구조를 해명하고, 그 입체 구조와 유전에서 담당하는 역할을 밝혀냈다. 그 후의 연구는 경이로운 진전을 보이고 있으며, 특히 유전자공학은 생물 종의 유지를 위협할 정도가 되어 가고 있다.

화학은 지금 위험한 영역에 도달했는지도 모른다. 20세기 초에 상대성이론을 통해 진화한 물리는 '만능'을 손에 넣은 듯이 급속한 발전을 거듭하는 과정에서 원자핵의 문을 강제로 열어젖힌 끝에 원자폭탄을 만들어 냈다. 그리고 현대 화학도 어쩌면 이와 같은 길을 걸을지 모른다는 생각이 든다.

화학의 역사는 화학을 공부하려 하는 사람들에게 조상이 남긴 귀중한 유산이다. 과거의 화학을 연구하고 화학을 견인해 온 위인들의 성공 사례와 실패 사례를 공부하는 것은 미래의 화학을 짊어질 연구자들에게 다양한 연구 상황에서 귀중한 해결의 실마리를 제공할 것이다.

또한 무엇인가 한 가지 일에 몸과 마음을 다 바친 사람들의 삶은 설령 화학과 관계가 없는 일을 하고 있다 해도 많은 독자의 마음을 뒤흔들 것이다. 그리고 각자의 영역에서 자신이 하고 있는 일에 몸과 마음을 다 바치겠다는 의지와 힘을 이끌어 낼 것이다.

이 책을 읽은 독자 여러분이 화학이 걸어온 길을 되돌아보고 앞으로 나아가야 할 길을 생각하면서 현대 화학의 미래를 지켜보고 싶다고 생각하게 된다면, 필자에게 그보다 큰 기쁨은 없을 것이다.

사이토 가쓰히로

CONTENTS

Part 3　화학을 성장시킨 연금술

Part 6　양자역학을 받아들인 새로운 화학

Part 7　평화인가, 전쟁인가? 실험 화학의 시대

Part 8 유전자가 여는 생명 화학

프롤로그

화학의 역사는 곧 '인간의 역사'이다

화학은 이 세상의 모든 '물질'을 다루는 학문

화학은 모든 '물질'을 다룬다

이야기를 시작하기에 앞서, 갑작스럽겠지만 독자 여러분에게 질문을 하나 하겠다.

"화학이란 무엇일까?"

과학science에는 화학뿐만 아니라 수학, 물리학, 생물학, 천문학, 지질학 등 다양한 분야가 있다. '과학'이라는 같은 범주 속에서 화학과 다른 과학의 차이점은 무엇일까? 그것은 바로 '화학은 물질을 다룬다'는 점이다.

수학은 주로 이론을 다룬다. 물리학은 사물의 이치, 성질, 변화 등을 다루며, 실제 연구에서는 물질을 '추상화'한다. 천문학은 주로 '천체'라는 대상을 관찰한다.

생물학과 지질학도 분명히 물질을 다룬다. 그러나 화학은 생물이나 광물을 그대로 다루지 않는다. 화학은 모든 물질을 '원자, 분자'의 단계까지 환원해서 연구한다는 점에서 이 두 학문과 다르다.

인류는 탄생한 순간부터 '식품' 없이는 살아갈 수 없는 존재이다. 태어나자마자 모유를 먹고, 몇 달이 지나면 자연계의 식품을 먹기 시작한다. 식품은 물론 물질로 이루어져 있다. 그리고 물질은 화학의 연구 대상이다.

식품에는 어떤 종류가 있고, 식품을 구성하고 있는 것은 무엇일까? 또 어떻게 해야 식품을 더 맛있게 먹을 수 있을까? 이런 의문과 사람들의 요구에서 '고대의 화학'(Part 1)이 발달하게 되었다고 해도 과언은 아닐 것이다.

먹을 수 없었던 것을 '가열' 처리해 먹기 시작하다

인간이 식물을 먹을 때 잎이나 열매는 그대로 먹을 수 있다. 그러나 뿌리나 줄기 등은 딱딱하기 때문에 그대로는 먹기가 힘들었다. 그런데 산불 등을 경험하면서 인류는 식물을 '가열'해서 먹는 법을 터득했다.

고기는 어떨까? 고기는 매우 맛있는 식품이지만, 시간이 지나면 부패해 인간에게 해로운 것으로 바뀐다. 그런데 이것도 '가열'을 하면 부패하기까지의 시간을 늦출 수 있으며, 덕분에 저장도 할 수 있게 되었다.

이렇게 해서 인류는 조리라는 것을 터득했다. 조리의 기본은 '가열'인데, 사실 가열을 하면 변화하는 것은 식품뿐만 아니라 어떤 물질이든 마찬가지다. 현재도 가열은 화학 실험의 기본적인 기술이다.

미생물의 힘을 빌리는 '발효'의 기술

가열과는 별개로 귀중한 음식물을 부패로부터 지키는 동시에 더 맛있게 먹는 방법이 발견되었다. 바로 '발효'이다. 발효란 자연계에 존재하는 눈에 보이지 않는 미생물이 유기물에 달라붙어 화학적 변화를 일으키는 것이다.

가령 포도 등의 과일이 발효하면 기체와 함께 좋은 향기를 내는 알코올이 만들어진다. 인류는 이것을 이용해 '술'을 만들 수 있다는 사실을 깨달았다. 그리고 여기에서 더 나아가 말랑말랑하고 부드러운 '빵'을 만드는 기술도 터득했다. 또한 우유를 발효시키면 요구르트나 치즈가 되고, 고기나 물고기를 발효시키면 햄이나 젓갈 등이 된다.

이렇게 해서 인류의 식탁은 점점 풍요로워졌고, 식사 자체가 즐거운 행위로 바뀌어 갔다.

여기에서도 '식품의 역사'에 화학이 깊게 관여해 왔음을 알 수 있다.

인류를 덮친 식량 위기

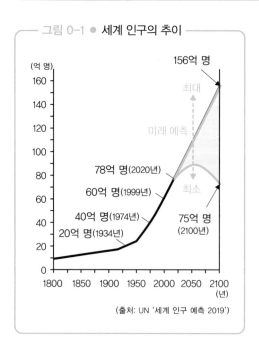

— 그림 0-1 ● 세계 인구의 추이 —

(억 명)

156억 명

최대

미래 예측

78억 명(2020년)

60억 명(1999년)

최소

40억 명(1974년)

20억 명(1934년)

75억 명
(2100년)

(출처: UN '세계 인구 예측 2019')

인류는 가열과 발효 등을 이용하여 식사를 즐길 수 있게 되었지만, 한편으로는 끊임없이 '식량 위기'에 시달려 왔다. 식량이 늘넉넉하게 있지는 않기 때문이다. 기후가 좋지 않은 날이 계속되거나 화산이 폭발해 화산재가 햇빛을 차단하면 식물은 자라지 못

화학은 이 세상의 모든 '물질'을 다루는 학문

하며, 식물을 먹지 못한 동물도 제대로 자라지 못한다. 당연히 인간이 먹을 식량도 부족해진다.

여기에 인구 폭발은 식량 문제를 가속시켰다. 인구가 늘어나는 것은 좋은 일이지만, 인구 증가는 곧 식량 부족으로 이어진다. 산업혁명(18세기 중반~19세기) 때 5억 명에 불과했던 세계 인구는 1900년에 18억 명으로 불어났고, 2000년에는 60억 명을 돌파했으며, 2020년은 78억 명에 이르렀다. 또한 약 80년 후인 2100년에는 최대 156억 명에 이를 것으로 전망되고 있다.

지금 이 순간에도 많은 사람이 다양한 이유로 굶주림에 시달리다 죽어가고 있다.

대혁명이 일어나 공기로 빵을 만들게 되었다

세계 인구가 80억 명이 된 현재, 이 정도로 불어난 인류에게 식량을 공급하고 있는 것은 화학의 힘이다. 화학은 문자 그대로 '공기로 빵을 만든' 경험이 있기 때문이다.

자세한 이야기는 뒤(Part7)에서 하겠지만, 20세기 초에 독일의 화학자인 프리츠 하버(1868~1934)와 카를 보슈(1874~1940)가 화석연료에서 얻은 수소 기체H_2와 공기 중의 질소 기체N_2를 직접 반응시켜 암모니아 NH_3를 만드는 방법을 개발하는 데 성공했다.

식물이 자라려면 '비료의 3요소'로 불리는 질소N, 인P, 칼륨K이 필요하다. 그중에서도 질소는 식물의 몸체를 자라게 하는 비료이기에 특히 중요하다. 그런데 대부분의 식물은 공기 중에 대량으로 있는(공기의 78%) 질소를 기체 상태로는 쓰지 못한다. 질산이온NO_3^-과 같은 형태로 바뀌어야 질소를 흡수할 수 있다.

만약 암모니아가 있다면 그것을 질산으로 바꾸는 것은 쉬운 일이다. 그리고 이 질산을 다시 암모니아와 반응시키면 질산암모늄이 되고, 칼륨과 반응시키면 질산칼륨이 되는데, 둘 다 우수한 질소비료이다. 그래서 "화학이 공기로 빵을 만들었다."라는 찬사를 받은 것이다.

● 자연 속에서 '의료 효과'를 발견하다

인류를 괴롭혀 온 것은 '굶주림'만이 아니다. 질병이나 부상의 고통도 인류를 끊임없이 괴롭혀 왔다. 초기 인류는 세균의 침입으로 고열이 나거나 사냥 도중에 또는 사고로 부상을 입었을 때 그저 어두운 동굴 속에서 꾹 참으며 고통을 견뎌 낼 수밖에 없었을 것이다.

그러다 인류는 어떤 종류의 약초나 광물, 어떤 동물의 분비물 등에서 의료 효과가 있는 것을 발견했다. 이런 물질의 종류와 효과는 처음에 구전을 통해서 후세에 전해졌는데, 이윽고 인류는 그 정보를 체계적으로 정리해 문서로 남기게 되었다.

중국에서는 아주 오랜 옛날에 '신농'이라는 전설 속의 인물이 등장해 자신의 경험을 통해 수많은 식물의 약효를 밝혀내고 《신농본초경》이라는 책을 썼다고 한다. 이 책은 중국의 전통 약제인 한약의 원점으로서 지금까지 전해져 내려오고 있다. 관점에 따라서는 세계에서 가장 오래된 화학책, 약학 교과서라고 할 수 있을지도 모른다.

고대 이집트에도 700여 종이나 되는 의약품에 관해 적혀 있는 기원전 1550년경의 파피루스 문서가 있다. 이집트에서는 종교상의 이유로 미라 제작이 활발했던 까닭에 부패 방지 등의 화학 처리가 발달했던 것으로 여겨진다.

고대 그리스에서는 오늘날에도 의학의 시조로 존경받는 히포크라테스(기원전 460년경~기원전 370년경)가 등장했다. 그는 수백 종류나 되는 약초를 연구했을 뿐만 아니라 의료 기술 전반, 나아가서는 의료에 관여하는 사람의 마음가짐에 관해서도 언급했다고 한다.

중세가 되자 약품과 의료 기술은 로마를 거쳐서 이슬람 세계에 전해졌고, 연금술과 하나가 되어 당시의 최신 의료 지식, 기술로 발전했다.

그리고 근대가 되자 천연 약물로부터 약효 성분만을 추출해서 복용하거나 그 성분을 화학적으로 합성하는 합성의약품이라는 발상이 유럽에서 개발되었다.

항생물질의 발견

의약품의 역사를 크게 바꾼 것은 항생물질의 발견이었다. 항생물질이란 '미생물이 분비하는, 다른 미생물이나 세균 등의 생존을 방해하는 물질'이다. 요컨대 항생물질은 인간이 만들어 낸 물질이라기보다 천연의 생물이 만든 물질을 이용하는 것이므로 천연 의약품의 일종이라고 보아야 할 것이다.

항생물질을 처음으로 발견한 사람은 영국의 미생물학자이자 의사인 알렉산더 플레밍(1881~1955)이다. 1928년에 그는 미생물을 연구하다 실수로 세균이 있던 배양접시를 푸른곰팡이에 노출시키고 말았다. 그런데 그 배양접시를 들여다보니 푸른곰팡이의 주위만 세균이 녹아서 없어진 것이 아닌가? 그는 이것을 보고 '푸른곰팡이의 효과'를 발견했다고 한다. 항생물질은 미생물의 세포벽을 녹이는 효과가 있었던 것이다.

이 물질은 나중에 추출되어 페니실린이라는 의약품으로 사용되었다.

페니실린은 "제2차세계대전 말기에 폐렴이 중증으로 발전한 영국 총리 윈스턴 처칠의 생명을 구했다."라는 도시 전설과 함께 유명해져 항생물질 탐구 열풍을 불러일으켰다.

그 후 스트렙토마이신과 카나마이신 등 우수한 효과를 지닌 항생물질이 차례차례 발견되었다. 항생물질의 탐색은 지금도 계속되고 있으며, 2015년에는 일본의 오무라 사토시(1935~)가 항기생충 항생물질인 아버멕틴Avermectin을 개발하는 데 기여한 공적으로 노벨생리의학상을 수상했다.

백신은 병을 예방하는 약

부상에 대항하는 가장 좋은 수단은 '부상을 당하지 않는 것'이다. 마찬가지로 병에 대항하는 가장 좋은 수단은 '병에 걸리지 않도록' 예방하는 것인데, 이런 목적으로 개발된 의약품이 백신이다.

백신은 영국의 의사인 에드워드 제너(1749~1823)가 1796년에 발명했다. 당시는 영국뿐만 아니라 전 세계에서 천연두(두창)라는 전염병이 유행했다. 천연두는 위험한 병으로, 일단 걸리면 높은 확률로 사망하며, 운 좋게 낫더라도 얼굴에 흉터(마맛자국)가 남았다. 그런데 제너는 영국의 시골에는 도시에 비해 마맛자국이 있는 여성이 적다는 사실을 깨달았다고 한다. 그리고 그 이유로 시골에는 우유를 짜는 여성이 많고, 그 여성들은 소의 천연두인 우두에 걸린 적이 있으며, 일단 우두에 걸린 여성은 천연두에 걸리지 않기 때문이라는 이야기를 듣게 되었다. 이 이야기를 들은 제너는 집에서 고용인으로 일하는 남자아이에게 우두의 고름을 접종했고, 정말로 효과가 있음을 발견했다. 이것이 백신의 발견이었다.

백신은 일반적인 의약품과 달리 병의 원인이 되는 병원균을 공격하는 것이 아니다. 인간의 몸속에는 외부에서 침입한 이물질에 대항하기 위한 방어 시스템(면역 시스템)이 갖춰져 있다. 백신은 이 면역 시스템의 스위치를 켜서 인간이 스스로 병원균을 공격하게 만드는 약이다.

2019년에는 완전히 새로운 콘셉트의 'mRNA 백신'(메신저 RNA)이 개발되었다. 이것은 병원균에서 유래하는 물질이 아니라 유전자의 소재인 핵산을 이용하는 백신이다.

앞으로도 DNA를 이용하는 백신, 먹으면 효과를 발휘하는 백신, 붙이기만 해도 효과를 발휘하는 백신 등 효율이 높으면서 사용하기 편리한 백신이 개발되어 갈 것이다.

의식주의 '의'에 화려함을 더해 준 화학

털이 적은 인류가 털 대신 사용하는 것이 '옷'이다. 처음에 인류는 동물의 털가죽을 걸쳐서 옷으로 사용하다가 이윽고 식물의 껍질이나 잎을 엮어서 옷을 만드는 방법을 터득했고, 다음에는 목화의 섬유나 양털에서 실을 뽑는 방법과 그것으로 천을 만드는 방법을 학습했을 것이다. 그리고 목화나 동물의 흰 털, 혹은 누에고치로 만든 흰 천을 손에 넣자 그 천을 다른 색으로 물들이거나 그 위에 그림을 그리고 싶다고 생각했을 것이다.

안료에는 여러 종류가 있다. 붉은 흙이나 푸른 광물, 꽃도 착색에 사용되었을 것이다. 그러나 이런 안료는 비비면 지워진다. 물건에 식물로 색을 입혀도 빨면 색이 지워져 버린다. 이래서는 옷의 착색제로 사용하기에 부족하다. 즉, 물로 씻어도 지워지지 않는 착색제가 필요했는데, 그런 착색제를 '염료'라고 부른다.

최초의 염료는 천연물이었다. 그러나 단순히 꽃을 쥐어짜서 얻은 액체는 아름다운 색을 내지 않는 경우도 있다. 홍화(붉은색 염료의 원료)도 그중 하나이다. 홍화는 처음 딸 때는 노란색이다. 그러나 꽃을 물에 담가서 수용성인 노란색 성분을 제거한 다음, 남은 꽃을 물에 잘 씻어서 알칼리 용액인 잿물에 담그면 붉은색 성분이 녹아 나온다.

최근에 인기가 높은 초목 염색도 그 상태로는 빨래를 하면 색이 빠지는데, 이를 방지하기 위해 천을 백반액에 담근다. 그러면 백반에 들어 있는 알루미늄 이온이 다리 역할을 해서 염료와 섬유를 연결한다(매염 염색).

일본 아마미오섬의 전통 직물로 유명한 오시마명주는 다정큼나무라는 식물의 작은 가지를 끓인 세척액에 천을 담가 염색해서 말린 뒤, 논에 집어넣고 밟는다. 그러면 논의 진흙에 많이 들어 있는 철 이온이 다리 역할을 하는 것이다(진흙 염색).

이처럼 천연물을 사용한 염색은 먼 옛날부터 전해지는 전통적인 기법이지만, 여기에는 고도로 화학적인 지식과 기술이 농축되어 있다.

기후를 바꾸는 독

'지구온난화'에 대한 우려의 목소리가 높아지고 있다. 해가 갈수록 지구가 더워지고 있다는 것이다. 현재 지구의 온도는 산업혁명 당시보다 1.1℃ 올랐으며, 이대로 가면 조만간 2.5℃가 올라 남극대륙과 그린란드, 빙하의 얼음이 녹고 해수면이 50cm 상승해서 해안 근처에 위치한 대도시가 바닷물에 잠길 것이라고 한다.

지구온난화의 주범은 온실효과가 있는 기체, 특히 이산화탄소CO_2이다. 그리고 이산화탄소의 주된 발생원은 '석탄, 석유, 천연가스' 등의 화석연료를 태우는 행위로 여겨진다. 인류는 산업혁명기에 석탄을 사용하면서 화석연료를 본격적으로 사용하기 시작했다. 지구에 있는 이산화탄소의 양은 산업혁명을 계기로 증가했다. 그러나 원인과 결과는 판단하기 어려운 경우가 있다. 바다에는 방대한 양의 이산화탄소가 녹아 있다. 기체의 용해도는 온도가 상승하면 감소한다. 즉, 지구가 더워지면 바다에서 이산화탄소가 뿜어져 나오는 것이다. 그렇다면 이산화탄소가 증가했기 때문에 기온 상승이 일어났는지, 기온 상승이 일어났기 때문에 이산화탄소가 증가했는지 판단하기 어렵다. '닭이 먼저인가, 달걀이 먼저인가?'와 같은 이야기이다.

또한 기체가 지닌 온실효과의 크기를 나타내는 '지구온난화 지수'를 비교해 보면, 이산화탄소가 악당 취급을 받고 있지만 사실은 천연가스의 주성분인 메테인CH_4의 지구온난화 효과가 이산화탄소의 20배가 넘음을 알 수 있다.

──── 그림 0-2 ● 온실효과 기체의 '지구온난화 지수' 비교 ────

온실효과 기체		지구온난화 지수
이산화탄소	CO_2	1
메테인	CH_4	21
아산화질소	N_2O	310
플루오로포름	HFC-23	11700
헥사플루오로에테인	PFC-116	9200

현재 세계의 지구온난화 대책은 이산화탄소 배출량을 억제하는 것으로 일치하고 있다. 석유는 CH_2 단위가 연속된 것으로, CH_2의 분자량(상대 질량)은 14이다. 이것이 연소하면 이산화탄소CO_2가 되며, 그 분자량은 44이다. 요컨대 석유 14kg이 연소하면 약 3배인 44kg의 이산화탄소가 발생하는 것이다. 이에 세계 각국에서는 2000년대 중반까지는 탄소중립(탄소를 배출하는 만큼 그에 상응하는 조치를 취하여 실질 배출량을 0으로 만드는 일)을 달성하겠다고 선언했다.

에너지 또한 화학의 세계이다. 따라서 에너지 절약 대책도 화학이다. 당분간은 화학이 계속 활약할 것으로 보인다.

'대략적으로 살펴보는' 이 책의 등장인물 연표(연대순으로)

기원전

소크라테스(기원전 470년경
~기원전 399)

히포크라테스(기원전 460년경
~기원전 370년경)

데모크리토스(기원전 460년경
~기원전 370년경)

아리스토텔레스(기원전 384
~기원전 322)

1~4세기

유대인 마리아(1세기~3세기)

15세기

알렉산데르 6세(1431~1503)

크리스토퍼 콜럼버스(1451~1506)

바스쿠 다가마
(1460/1469년경~1524)

프란시스코 피사로(1470년경~1541)

페르디난트 마젤란(1480?~1521)

16세기

르네 데카르트(1596~1650)

17세기

아이작 뉴턴(1643~1727)

요한 프리드리히 뵈트거(1682~1719)

18세기

에드워드 스톤(1702~1768)

히라가 겐나이(1728~1780)

조제프 루이 라그랑주(1736~1813)

제임스 와트(1736~1819)

앙투안 라부아지에(1743~1794)

에드워드 제너(1749~1823)

조제프 루이 프루스트(1754~1826)

하나오카 세이슈(1760~1835)

존 돌턴(1766~1844)

조제프 루이 게이뤼삭(1778~1850)

요한 부흐너(1783~1852)

제임스 마시(1794~1846)

19세기

윌리엄 모턴(1819~1868)

루이 파스퇴르(1822~1895)

스타니슬라오 칸니차로(1826~1910)

프리드리히 아우구스투스 케쿨레
폰슈트라도니츠(1829~1896)

드미트리 멘델레예프(1834~1907)

요한 프리드리히 미셰르(1844~1895)

일리야 메치니코프(1845~1916)

빌헬름 뢴트겐(1845~1923)

앙투안 앙리 베크렐(1852~1908)

기타자토 시바사부로(1853~1931)

조지프 존 톰슨(1856~1940)

피에르 퀴리(1859~1906)

나가오카 한타로(1865~1950)

마리 퀴리(1867~1934)

프리츠 하버(1868~1934)

어니스트 러더퍼드(1871~1937)

카를 보슈(1874~1940)

오즈월드 에이버리(1877~1955)

알베르트 아인슈타인(1879~1955)

알렉산더 플레밍(1881~1955)

헤르만 슈타우딩거(1881~1965)

구로다 지카(1884~1968)

닐스 보어(1885~1962)

애거사 크리스티(1890~1976)

루이 드 브로이(1892~1987)

월리스 캐러더스(1896~1937)

하워드 플로리(1898~1968)

20세기

베르너 하이젠베르크(1901~1976)

라이너스 폴링(1901~1994)

언스트 체인(1906~1979)

존 바딘(1908~1991)

도러시 호지킨(1910~1994)

프랜시스 크릭(1916~2004)

모리스 윌킨스(1916~2004)

로버트 우드워드(1917~1979)

후쿠이 겐이치(1918~1998)

알버트 에센모저(1925~　)

제임스 왓슨(1928~　)

오무라 사토시(1935~　)

로알드 호프만(1937~　)

도네가와 스스무(1939~　)

크레이그 벤터(1946~　)

화학은 이 세상의 모든 '물질'을 다루는 학문

고대의 화학은 왜 관념적이었을까?

Part
1

고대의 화학은
왜 관념적이었을까?

– 관찰·실험의 자세

화학은 '물질'을 연구하는 학문이다. 화학의 역사는 곧 인간 자체의 역사라고 할 수 있다.

고대의 사람들은 물질을 어떻게 생각했을까? 먼저 여기에서부터 화학의 역사를 되돌아보자.

고대의 사람들도 '물질이란 어떤 것일까?'에 관해 생각했다. 그들의 물질관은 현대의 물질관과는 상당히 달랐지만, 반대로 현대의 최첨단 물질관과 묘하게 닮은 부분도 있었다. 다만 고대 물질관의 특징은 '관념적'이다. '생각한다'는 자세는 있지만 과학에서 중요한 '관찰한다', '실험한다'는 자세는 보이지 않으며, 이것이 현대의 물질관과 크게 다른 점이다.

데모크리토스의 원자론(고대 원자론)

고대 그리스에는 '데모크리토스의 원자론'으로 유명한 '고대 원자론'이 있었다. 철학자인 데모크리토스(기원전 460년경~기원전 370년경)는 스승인 레우키포스의 원자론을 계승·완성한 인물로 알려져 있는데, 이 고대 원자론이란 '이 세상은 눈에 보이지 않으며 더는 쪼갤 수 없는 원자(아톰 atom)가 무한한 공허(케논kenon) 속을 운동함으로써 성립한다'는 설이다. 이 설에서 중요한 점은 '물질'인 원자와 '진공'에 해당하는 공허를 당시에 이미 생각하고 있었다는 것이다. 이 발상은 현대의 물질관과 통하는 측면이 있기에 매우 중요하다.

또한 고대 원자론에서는 감각이나 의식이 단순히 원자가 배열된 결과에 불과하다고 생각했기 때문에 그 실재를 인정하지 않았다. '정신과 영혼 또한 원자로 구성되어 있다'고 생각한 것이다.

만물을 '원자가 지배하는 법칙'이라고 생각한 유물론적 원자론은 도덕론과 결합하기 쉬운 관념론과는 선을 긋는 개념으로, 이후의 서양 과학 사상의 근간을 이룬다고도 할 수 있다.

4원소설 '흙, 물, 공기(바람), 불'

이 세상을 구성하는 만물은 모두 네 가지 원소(요소)로 이루어져 있다는 발상을 '4원소설'이라고 부른다. 서양과 동양을 막론하고 지지를 받은 이 생각은 훗날의 연금술 사상 속에 파고들었을 뿐만 아니라 동양 특유의 윤리 · 도덕관 속에도 들어 있다.

네 가지 원소란 '흙, 물, 공기, 불'을 가리키며, 물질의 외관과 상태에 대응하는 것으로 생각되었다. '흙'과 '물'은 눈에 보이는 원소인데, 이 두 원소는 눈에 보이지 않는 두 원소인 '공기'와 '불'을 내부에 포함하고 있다고 여겨졌다. 또한 네 원소 사이에는 순환이 있다고 생각되었다.

'흙, 물, 공기의 3원소가 물질을 만든다'는 것은 현대 화학의 견해와 비슷하다. 현대인이 생각하는 고체, 액체, 기체의 원소는 전부 이 '3원소' 속에 포함되어 있다.

그런데 나머지 한 원소인 '불'은 무엇일까? 사실 불에 해당하는 원소

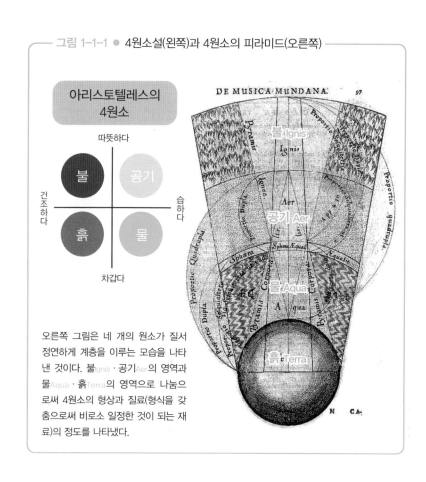

— 그림 1-1-1 ● 4원소설(왼쪽)과 4원소의 피라미드(오른쪽) —

아리스토텔레스의
4원소

따뜻하다

불   공기

건조하다   습하다

흙   물

차갑다

오른쪽 그림은 네 개의 원소가 질서
정연하게 계층을 이루는 모습을 나타
낸 것이다. 불Ignis · 공기Aer의 영역과
물Aqua · 흙Terra의 영역으로 나눔으
로써 4원소의 형상과 질료(형식을 갖
춤으로써 비로소 일정한 것이 되는 재
료)의 정도를 나타냈다.

는 근대 서양 과학에서도 '플로지스톤'이라는 이름으로 남아 있었다. 이
것을 현대 화학에 대응시키면 '불=에너지'라고 할 수 있을지 모른다. 에
너지가 물질을 만든다고 하면 이상하게 들리겠지만, 이것은

아인슈타인의 식 $E=mc^2$

이 의미하는 바와 같다. 이 식에서 E는 에너지, c는 광속, m은 질량, 즉

물질이다. 요컨대 이 식은 "에너지와 물질은 변환 가능하다." 다르게 표현하면 "같다."라고 말하는 것이다.

　최첨단의 소립자론과 우주론에 따르면 우주를 구성하는 물질 가운데 손으로 만질 수 있고 관측할 수 있는 것은 약 5%에 불과하다. 그렇다면 95%를 차지하는 물질은 무엇일까? 약 25%는 암흑물질dark matter이고, 약 70%는 암흑 에너지dark energy라고 한다. 통상적인 '물질'의 5배나 되는 양이 존재하는 암흑물질은 직접 관측할 수 없는 물질이다. 그리고 이 암흑물질보다도 훨씬 많은 암흑 에너지 역시 관측이 불가능하다. 그 정체는 우주를 가속 팽창시키고 있는 에너지로 생각된다.

　이렇게 생각하면 우주를 구성하는 물질의 대부분은 고대인이 말한 '불'이라고 말할 수도 있을 것 같다. 물론 고대인들이 여기까지 알고 있었던 것은 아니겠지만, '생각이 통한' 것인지도 모른다.

1-2 죽음과 아픔으로부터 벗어나기 위한 미신, 그리고 과학으로

– 약학과 트랜스 상태

인간은 언젠가 죽는다는 숙명을 안고 있는데, 그 원인은 대부분의 경우 병과 부상이다. 사람들은 부상의 아픔과 병의 괴로움에서 벗어나기 위해 약에 의지했으며, 약을 찾아 헤맸다.

전설의 인물 신농이 약초를 발견했다

4,000년의 역사를 가졌다는 중국은 의약품에 관해서도 오랜 역사를 자랑한다. 고대 중국에는 신농(삼황오제 중 한 명)이라고 불리는 인물에 대한 기록이 있다. 신농은 실제로 존재했는지 명확하지 않은 전설상의 인물이다.

신농은 다양한 식물을 맛보아 수많은 약초를 발견해 사람들에게 알렸다고 한다. 그러나

약초를 발견한 신농

독이 강한 식물이 지닌 독소 때문에 목숨을 잃었다. 다만 그렇게 해서 세상을 떠난 나이가 100세가 넘었다고 하니, 역시 실존 인물이라기보다는 전설 속의 인물이었을 것으로 생각된다.

그의 생각을 바탕으로 쓰였다고 알려진 책이 《신농본초경》이다. 이 책은 꾸준히 사본이 만들어지면서 오랫동안 한약의 지침서로 전해져 내려왔다.

흥미로운 것은 이 책에 대마에 관한 기술이 있다는 사실이다. "대마에는 독성이 없어서 양명약(생명을 보양하는 약)으로 오래 복용할 수 있다." 라고 적혀 있다. 한편으로 대마가 지닌 마취 작용이나 도취 작용, 환각 작용 등에 관한 기술도 있다.

미라에 바른 살균제, 방부제

이집트 하면 떠오르는 것 중 하나로 미라가 있다. 고대 이집트에서 인공적인 미라를 만들 수 있게 된 시기는 고왕국 시대(기원전 2500년경)로 알려져 있었는데, 최근의 연구에 따르면 기원전 3500년경까지 거슬러 올라간다고 한다.

당시의 이집트 사람들은 죽은 사람이 다음 세상에 다시 태어나려면 '몸'이 있어야 한다고 생각했다. 그래서 죽은 사람을 미라로 만듦으로써 몸을 남기려 했던 것이다.

일반적으로 죽은 뒤에 몸에서 부패보다 먼저 급격한 건조(수분이 인체 조직의 무게의 50% 이하가 되는 것)가 발생하면 세균의 활동이 약해져 미라가 될 가능성이 생긴다고 한다. 고대 이집트의 미라는 인공적으로 만들었는데, 그 방법은 다음과 같다.

① 뇌 제거: '휘저음'으로써 뇌를 액상화해서 뽑아냈다고 여겨진다.

② 내장 제거

③ 시신에 방부염을 채워서 건조

④ 시신에 방부제를 발라 살균하고 밀봉

⑤ 붕대로 감싸기

이때 사용하는 방부제의 기본적인 제조법에 관해서는 기원전 3500년 경의 미라를 분석한 결과 다음과 같은 사실을 알게 되었다.

• 식물성 기름: 참기름으로 추정

• 식물의 뿌리에서 추출한 발삼(수지의 일종) 등의 추출액

• 식물성 풀: 아카시아에서 추출한 것으로 보이는 당류

• 침엽수의 수지: 송진으로 추정

이런 수지와 기름을 섞음으로써 살균성이 나타나 시신을 부패하지 않도록 한 것으로 생각된다. 근대 초기까지 미라는 연료 혹은 약품으로 세계에 널리 수출되었다고 한다. 아마도 미라에 쓰였던 방부제가 의약품으로 어딘가에 활용되었던 모양이다.

고대 이집트의 의학·약학은 미라 제작법에만 쓰인 것이 아니다. 기원전 1550년경의 것으로 추정되는 파피루스 문서에는 700여 종의 약품이 기록되어 있다.

각성제가 만들어 낸 샤먼의 트랜스 상태

이 무렵에 문명이 늦게 발달한 많은 지역에서 실시되던 의학·약학은 주술이라고 불리는 것으로, 점술사 또는 샤먼이라고 불리는 사람과 일체

화되어 있었다. 샤먼은 미래를 예언하는 능력이 있는 사람(혹은 '있다'고 생각되는 사람)으로, 무격, 사제, 예언자, 영매 등으로도 불린다.

샤먼의 대부분은 '트랜스 상태'라고 불리는 특수한 정신 상태에 있을 때 예지 능력을 얻는다고 한다. 그리고 샤먼은 트랜스 상태에 도달하기 위한 수단으로 각성제, 에탄올, 각종 식물 알칼로이드를 사용했다.

미신에서 과학으로 — 그리스의 히포크라테스

고대 그리스의 의학·약학이라고 하면 제일 먼저 떠오르는 인물은 지금도 의학의 아버지로 불리는 히포크라테스일 것이다. 히포크라테스는 기원전 460년경~기원전 370년경에 살았던 고대 그리스의 의사이다.

히포크라테스의 가장 중요한 공적은 의학을 원시적인 미신이나 주술로부터 분리하여 임상과 관찰을 중시하는 경험 과학으로 발전시킨 것이다. 또한 그는 의사의 윤리성과 객관성을 중요하게 생각하여 자신이 집필한 전집에 '선서'라는 제목의 글을 남겼는데, 이것은 현재도 '히포크라테스 선서'로서 계승되고 있다.

"인생은 짧고, 의술의 길은 멀다."라는 맹세는 현대에도 널리 알려져 있다.

히포크라테스는 '병은 네 종류의 체액의 혼합 상태에 변화가 일어났을 때 생긴다'는 4체액설을 제창했다. 또한 인간이 놓인 환경(자연환경, 정치적 환경)이 건강에 끼치는 영향에 관해서도 이야기하는 등, '의학의 아버지'라고 불리기에 손색이 없는 인물이라고 할 수 있을 것이다.

화학적인 조작으로 '금속'을 추출한다

역사에서는 인류가 사용한 도구의 소재를 기준으로 구석기시대, 신석기시대, 청동기시대, 철기시대로 구분한다. 이 구분에 따르면 현대도 철기시대에 들어가게 된다. 석기는 주운 돌을 막대기에 묶어서 고정하거나 다른 단단한 돌에 두들겨 연마하면 도구나 무기로도 사용할 수 있다.

그러나 금속은 상황이 다르다. 금속(원소) 중 자연계에서 금속 상태로 굴러다니는 것은 금Au과 백금Pt 등의 귀금속을 제외하면 수은Hg과 소량의 구리Cu(자연동) 정도에 불과하다. 그 밖의 금속은 전부 산화물이나 황화물 등의 형태로 산출된다. 그래서 여기에 화학적인 조작(환원 조작)을 함으로써 금속을 추출한다. 일반적으로 이 조작을 '정련'이라고 한다.

금속의 제련에는 '환원 반응'을 이용한다

인류가 청동이라는 금속을 만들어 낸 시기는 기원전 3000년경으로 알려져 있다. 일반적으로 금속 원소는 반응성이 높은 원소여서, 지구상에 존재하는 금속 원소의 대부분은 산소O나 황S, 혹은 염소Cl 등과 결합해 산화물(녹), 황화물, 염화물의 형태로 존재한다.

금속 산화물 등의 광석에서 순수한 금속을 추출하는 조작은 산화물에서 산소를 제거하는 것이다. 즉, 화학적으로 말하면 '환원 반응'이며, 환원 반응이 진행되려면 환원제가 필요하다. 역사를 되돌아봤을 때, 대부분의 경우 환원제로 사용된 것은 '목탄'이었다. 목탄은 산소와 반응해 일산화탄소CO 혹은 이산화탄소CO_2가 되기 때문에 산화물에서 산소를 빼앗는 성질이 있다. 산업혁명 때는 화석연료인 석탄이 이용되었지만 이는 먼 훗날의 일이며, 인류는 오랜 기간 목탄을 환원제로 이용했다.

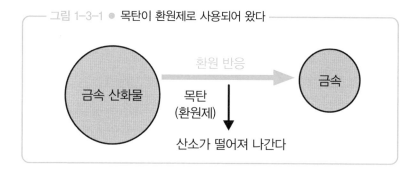

— 그림 1-3-1 ● 목탄이 환원제로 사용되어 왔다 —

목탄과 석탄은 모두 탄소C 덩어리이다. 따라서 가령 산화주석SnO_2과 함께 가열하면 탄소C가 산화주석 속의 산소와 반응해 이산화탄소CO_2가 되며, 산화주석은 산소를 잃고 금속 주석Sn이 된다.

$$SnO_2 + C \rightarrow Sn + CO_2$$

왜 중국은 청동에서 철로 옮겨 가는 것이 늦어졌을까?

청동은 구리Cu와 주석Sn의 합금이다. 구리의 녹는점은 1,085℃로 높지만, 주석의 녹는점은 금속치고는 상당히 낮은 편인 232℃이다. 구리는 자연동(아주 드물게 존재한다)을 찾아서 사용했을 가능성도 있지만, 주석은 자연에서 산출되지 않는다. 그래서 주석을 얻으려면 목탄을 이용해 산화주석 SnO_2을 환원할 필요가 있다.

합금을 만드는 기본적인 방법은 금속을 섞어서 녹이는 것이다. 청동의 경우 구리와 주석을 섞어서 가열하면 녹는점이 낮아져 950℃에서 녹는다. 1,000℃ 이하의 온도라면 목탄으로도 어떻게든 만들어 낼 수 있기에 청동을 만들 수 있었던 것으로 생각된다.

다만 고대 중국에서는 금속 주석을 사용하지 않고 구리와 함께 주석의 주요 광석인 주석석을 목탄으로 가열해서 청동을 만들었던 듯하다. 주석석은 1,200~1,300℃로 가열하면 환원 반응이 일어난다고 하므로 여기까지 온도를 높이는 중국만의 비법이 있었는지도 모르겠다.

역사를 살펴보다 보면 여러 가지 수수께끼를 발견하게 된다. 가령 당시의 기술 대국이었던 중국이 철기를 사용하게 된 시기가 고대 그리스보다 약 600년 늦은 기원전 5세기경이었던 것도 수수께끼 중 하나이다. 다만 이것은 중국의 경우 청동을 다루는 기술이 극한까지 발달한 까닭에 철기를 사용할 필요성을 덜 느꼈던 것이 이유로 생각되고 있다.

청동은 구리와 주석의 비율에 따라 흰색에서 검은색까지 어떤 색으로도 변화한다고 한다. 게다가 일반적으로는 무르기 때문에 주조로 만든 다음 거스러미를 깎아 내거나 연마해서 수정할 수도 있다. 그런 까닭에 아름다운 조각을 만들 수 있는 것이다.

그러나 철은 딱딱해서 수정이 불가능하다. 거칠고 오톨도톨한 쇠 냄비 같은 표면을 드러낼 뿐이다.

참고로 중국에서는 청동을 양금, 철을 악금으로 불렀다고 한다.

1-4 히타이트에서 일본의 다타라 제철까지

– 철의 제련

철은 기원전 1500년경에 튀르키예의 아나톨리아 반도에 있었던 히타이트 왕국에서 본격적으로 생산했다고 알려져 있다. 다만 그보다 훨씬 이전의 유적에서도 철로 만든 제품이 발견되는데, 그 성분을 조사해 보면 지구상의 철이 아니라 운석에서 온 것(운석 철)이라고 한다.

철의 녹는점은 1,538℃인데, 그런 먼 옛날에 1,500℃가 넘는 고온을 만들어 내기는 불가능했을 것이다. 따라서 그런 철 제품은 녹인 철을 거푸집에 부어 넣어서 만든 것(주조)이 아니라 두들겨서 성형한 것(단조)으로 생각된다.

그러면 각 시대별로 인류가 어떻게 철 제품을 만들었는지 살펴보자.

히타이트 왕국의 제철법

철은 청동보다 압도적으로 강하고 날카로운 금속이다. 그래서 제철법을 개발한 히타이트인은 이 강력한 철로 무기를 만들어 주위의 나라들을 제압함으로써 순식간에 대제국을 건설해 나갔다. 청동기 문명을 만들어 냈던 바빌로니아를 멸망시키고, 당시의 세계 최강의 나라인 이집트와도 대등하게 싸운 끝에 강화조약을 체결했다.

그런데 이처럼 무적의 기세를 자랑하던 히타이트는 기원전 1200년경에 갑자기 멸망하고 말았다. 그 원인으로는 여러 가지를 생각해 볼 수 있는데, 유력한 설 중 하나가 환경 파괴가 원인이라는 것이다. 철광석 Fe_2O_3에서 철Fe을 만들려면 목탄이 필요하기 때문에 목탄을 만들기 위해 나무를 무분별하게 베었다가 가뭄이 찾아와서 자멸했다는 것이다.

$$2Fe_2O_3 + 3C \rightarrow 4Fe + 3CO_2$$

그런데 최근에는 "철광석을 만드는 데 그렇게까지 높은 온도는 필요 없다"는 주장도 나오고 있다. 철광석 위에 목재를 쌓고 모닥불처럼 불을 피우기만 하면 철이 만들어진다는 것이다. 물론 모닥불로는 400℃ 정도밖에 올라가지 않고, 그런 약한 화력으로 녹는점이 1,538℃나 되는 철을 녹일 수는 없다. 그러나 이 정도의 온도로도 모닥불이 타면서 생긴 목탄을 통해 철의 환원이 진행되며, 그 결과 구멍이 송송 나 있는 스펀지 같은 조악한 철이 만들어진다고 한다. 그리고 불순물이 많은 부분을 돌로 두들기면 '쓸모 있는' 철을 얻을 수 있다는 것이다.

어쩌면 인류가 철을 사용하기 시작한 시기는 히타이트 왕국 탄생보다 훨씬 이전인지도 모른다. 그러나 철은 쉽게 녹슬기 때문에 얼마 못 가서 쓰이지 않게 되었고, 이 때문에 히타이트인이 나타나기 전까지 역사의 무대에 등장하지 않았던 것으로도 생각할 수 있다.

고대 그리스에는 '가장 오랫동안 남는 것은 시이고, 다음은 돌로 만든 조각이며, 금속으로 만든 조각은 금방 녹이 슨다.'는 말이 있었다고 한다. 《일리아스》나 《오디세이아》가 오늘날까지 전해지는 것은 시로 노래되었기 때문일 것이다.

일본에서 현재 사용되는 제철법은 스웨덴법이라고 불리는 것으로, 철광석Fe_2O_3에서 2단계의 반응을 통해 강철Fe을 얻는다.

$$2Fe_2O_3 + 3C \rightarrow 3CO_2 + 4Fe(\text{탄소가 많이 섞여 있음}) \qquad \text{①}$$
$$Fe(\text{탄소가 많이 섞여 있음}) + O_2 \rightarrow Fe(\text{탄소가 거의 없음}) + CO_2 \quad \text{②}$$

여기에서 ①의 단계, 즉 탄소를 포함한 단단하지만 부러지기 쉬운 철(선철, 주철)을 만드는 것이 용광로이고, ②의 단계, 즉 선철이나 주철에서 탄소를 제거해 강철로 만드는 것이 현대의 전로이다.

그런데 전통적인 일본식 제철법에서는 ①의 단계에서 '옥강'이라는 강철을 만들 수 있었다. 그리고 이 과정에서 품질이 좋은 사철과 발로 밟는 풀무인 '다타라'를 사용했기 때문에, 이러한 일본식 제철법을 다타라 제철법이라고 불렀다.

당연한 말이지만, 다타라 제철법에는 환원제로 목탄을 사용했기에 목재가 필요했다. 또한 당시에는 좋은 사철을 시마네현의 이즈모 왕국에서 얻을 수 있었다. 그래서 제철이 성행했던 시마네현의 산은 히타이트 왕국이 그랬듯이 나무를 마구 베어 물을 붙잡아 두는 기능을 하지 못했고, 그 결과 산사태가 일어났다. 바로 이것이 일본 신화에 나오는 '이즈모의 야마타노오로치(머리와 꼬리가 8개 달린 거대한 뱀-옮긴이) 전설'이다. 신화에서는 '스사노오노미코토'라는 신이 야마타노오로치를 퇴치했으며, 퇴치한 야마타노오로치의 꼬리에서 '구사나기의 검(천총운검)'이라는 철검이 나왔다고 한다.

시황제의 무덤에 함께 매장된 병마용(출처: Bencmq)

이 야마타노오로치의 신화는 먼 옛날에도 제철 공해가 있었음을 말해 주는 것으로 여겨진다. 고대 중국에도 제철 공해에 관한 이야기가 있다. 진의 시황제(기원전 259~기원전 210)의 무덤과 관련된 이야기로, 시황제가 자신의 묘의 부장품으로 사용할 병마용을 구워 내기 위해 나무를 마구 베어 버리는 바람에 과거에 풍요로운 '황토 녹지'였던 땅을 '황토 사막'으로 바꾸어 버렸다는 것이다.

일본의 경우(이즈모 왕국)는 다행히 습윤한 아열대기후였던 덕에 그 후 삼림이 다시 울창하게 자랄 수 있었을 것이다.

여담인데, 구사나기의 검이 청동검이 아니라 철검이었다는 증거는 어디에 있을까? 그 증거는 두 가지이다.

'구사나기의 검은 풀을 베어 넘긴 검이라는 뜻인데, 만약 청동검이었다면 풀을 벨 정도로 예리할 수가 없다.'

'구사나기의 검의 또 다른 명칭인 아메노무라쿠모는 칼날에 생기는 무늬를 뜻하는데, 이것은 담금질을 한 철검의 특징이다.'

구사나기의 검은 현재 3중으로 된 나무 상자에 보관되어 있으며, 상자와 상자 사이에 붉은 흙이 채워져 있다고 한다. '왜 붉은 흙을 채웠지?'라는 의문이 든 독자도 있을 터인데, 이것은 옛사람들의 지혜이다. 붉은 흙에는 철이 들어 있으며, 철은 산소와 반응한다. 요컨대 붉은 흙이 외부의 산소가 검에 닿지 않도록 차단해 주고 있다는 것이다.

다타라 제철법에서 풀무를 밟아 바람을 불어 넣는 작업

인류의 역사는 언제 시작되었을까? 여기에는 여러 가지 설이 있는데, 먼저 '인류는 언제 원숭이에서 갈라져 나왔는가?'에 관해서 생각해 보자.

원숭이에서 갈라져 나온 인류는 800만 년 전~500만 년 전에 아프리카에서 등장한 것으로 여겨진다. 일부 과학자들은 이런 아프리카 단일 기원설과는 다른 주장을 펼친다. "세계 곳곳에서 인류가 탄생했다(다지역 기원설)"는 주장이다. 최근 아프리카에서 발굴된 것보다 20만 년이나 오래된 현생인류의 화석이 이스라엘에서 발견되었다고 하는데, 이 발견이 옳다면 아프리카 단일 기원설은 뒤집힐 수도 있다.

그뿐만이 아니다. '인류가 4대 문명을 열었다.'라는 상식에도 물음표가 붙고 있다. 이 4대 문명론은 출처가 분명하지 않으며, 일본과 중국, 한국 정도에서만 통용되는 말이라는 것이다.

이처럼 역사라는 것은 정말 어려워서, 그전까지 '상식'으로 생각되었던 것이 사실은 근거가 없는 것이라거나 명백히 잘못된 것일 경우도 있다. 그리고 이것은 화학도 마찬가지이다. 그런 시각으로 이 책을 읽으면 또 다른 재미를 발견할 수 있을지도 모른다.

Part
2

마녀라는 존재의 이면에
숨겨진 중세의 화학

2-1 아라비아인이 고대 화학을 계승했다

– 알코올, 알칼리

그리스에서 꽃을 피웠던 고대 과학은 로마제국을 거쳐 유럽 전역으로 전파되었지만, 로마제국의 분열(395년)과 서로마제국의 멸망(476년) 이후 그 세력이 급속히 약해졌다. 그 후에는 동로마제국(비잔틴제국)이 그리스와 로마의 문화를 조금이나마 전파했지만, 1453년 이슬람 세력에 의해 멸망한다.

아라비아의 수학이 맡았던 역할

시대는 유럽에서 중동으로 넘어가기 시작한다. 7세기에 아라비아반도의 한구석에서 시작된 무함마드(마호메트)가 이끄는 이슬람교도의 새로운 체제는 오늘날의 이란과 이라크를 시작으로 8세기에는 아라비아뿐만 아니라 스페인까지 세력을 넓혔다. 이슬람 제국의 탄생이다.

이슬람 제국에서는 이슬람교의 경전인 《쿠란》뿐만 아니라 다양한 문화와 과학의 공부를 장려했다. 이슬람 제국에서 맨 처음 흡수한 것은 페르시아의 학문이었는데, 이를 통해 그리스의 학문을 받아들이게 되었다. 특히 수학에서 아라비아수학이 가져온 성과는 매우 커서, 대수학이나 삼각법은 아라비아수학이 개척한 분야라고 해도 과언이 아닐 것이다.

또한 아라비아어와 함께 사용되었던 숫자(1, 2, 3, ……)는 인도에서 도입한 0의 개념을 반영해 '0'이라는 숫자를 갖고 있었으며, 이것이 훗날 '아라비아숫자'로 유럽으로 전해져 현재도 전 세계에서 사용되기에 이르렀다.

근대의 서양 과학은 중세에 발달한 이 아라비아의 과학을 라틴어로 번역하는 것에서 시작되었다고 해도 과언이 아니며, 이때 의도적으로 아라비아의 그림자를 지워 버린 것이 아니냐고 지적하는 설도 있다. 아라비아의 과학이 근대의 서양 과학에 끼친 영향은 더 깊게 연구할 가치가 있다.

아라비아의 화학

중세 아라비아의 과학은 화학에도 깊은 영향을 끼쳤다. 현재도 화학의 세계에서 사용되는 알코올, 알칼리, 아말감(수은 합금), 알렘빅(증류기) 등의 용어는 본래 아라비아어였다. 알렘빅Alembic은 일본에도 전해졌는데, 에도시대에 풍류를 즐기는 사람들은 손님이 오

알렘빅을 이용한 증류

면 청주를 손님이 보는 앞에서 증류해 소주로 만들어 대접했다고 한다.

2-2 독자적으로 발달한 인도의 과학

– 극미와 허공

중세 인도에서는 실용적인 과학인 천문학과 수학, 의학이 발달했다. 그리고 의학과 철학에 부수되는 형태로 연금술과 원자론, 운동론 등이 탄생했다. 의학은 오래전부터 존경을 받아서, 2~3세기경에는 책의 형태로 체계화되어 있었다.

연금술이 의학으로서 발달했다

연금술이 의학의 한 분과로 발달해, 8세기경에는 독립된 연금술 서적인 《라사라트나카라》가 등장했다.

한편 철학 분야에서는 기원전 2세기경부터 브라만 사상을 발전시킨 육파철학이 등장했다. 이 중 바이세시카학파는 인도 최대의 자연철학 학파로, 그들이 쓴 책에는 원자론과 운동론에 관한 내용이 적혀 있었다.

그러나 13세기 이후 이슬람 제국의 침입과 인도 내부의 분쟁 등으로 나라가 피폐해지면서 과학도 발전하지 않게 되었다. 그때까지 발달했던 수학은 이슬람 세계를 거쳐 유럽에 전해졌고, 특히 인도 수학(아라비아 수학)과 십진법을 통한 위치기수법은 이후의 유럽 문명에 지대한 영향을 끼쳤다.

그리스와 비슷했던 인도의 원자론

　고대 인도에서는 물질을 분할해 나가면 결국은 '그 이상 분할할 수 없는 것'에 도달한다고 생각했으며, 그 궁극적인 것을 '극미(파라마누)'라고 불렀다. 이 '극미'는 뚫고 지나갈 수도 없고, 부술 수도 없으며, '허공(아카샤)'이라는 장소에 존재한다고 생각했다. 여기까지는 고대 그리스의 원자론과 똑같다.

　이 원자론을 더욱 발전시킨 설도 있는데, 이 설에 따르면 극미에는 '땅·물·불·바람'의 네 종류가 있다(고대 그리스의 4원소설에서는 '흙, 물, 공기, 불'이었음). 이들 극미는 각각 '색·맛·향기·감촉·무

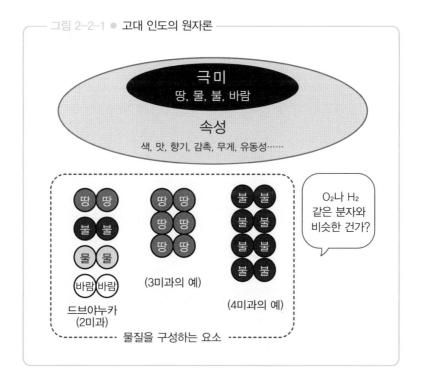

― 그림 2-2-1 ● 고대 인도의 원자론 ―

게·유동성' 등의 속성 중 몇 가지를 지니고 있으며, 아드리슈타라는 신비한 힘을 통해 결합되어 있다고 한다.

물질을 구성하는 요소는 같은 종류의 극미 2개로 만들어진 드브야누카(2미과)로, 이 2미과가 3개 결합한 것, 4개 결합한 것을 각각 3미과, 4미과라고 불렀다. 현대 화학의 '분자'와 상당히 유사한 개념이라는 데 놀라게 된다.

이렇게 해서 순서대로 거대한 물질이 구성되어 간다. 다만 물질의 궁극적인 입자인 '극미'가 존재한다고 말하는 인도의 원자론이 그것을 사용해서 자연현상을 통일적으로 설명하는 이론으로 발전하지 못한 것은 참으로 안타까운 일이다.

매우 기묘한 인도의 철강 기술

고대 인도의 주철(거푸집에 부어 넣어서 철 제품을 만들기 위한 철)은 화학 성분이 독특했다. 또 굽타왕조 시기(320년경~550년경)에는 염색, 가죽 제품 제조, 비누 제조, 유리, 시멘트 등의 화학공업 분야에서 로마 제국보다도 고도의 공업 기술을 보유했다고 여겨진다.

이처럼 6세기까지 힌두교도들은 화학공업 분야에서 유럽보다 훨씬 선진적이었으며, 단철, 증류, 승화, 증기 가열, 결정화, 냉발광, 마취약과 최면제 조합, 금속염·화합물·합금 제조 등에 숙달되어 있었다.

철의 풀림(적당한 온도로 가열했다가 천천히 냉각시키는 처리법-옮긴이) 기술은 고대 인도로 유입되어서 완성된 것이다. 그중에서도 인도에 전해지는 다마스쿠스 검은 그 예리함으로 유명했다. 칼날 위에 비단을 올려놓으면 두 조각으로 잘려서 바닥에 떨어진다고 할 만큼 예리한 검이었는데, 현재는 제조 기술이 단절되고 말았다. 최근에는 다마스쿠스 검에 탄소나노튜브가 포함되어 있다는 조사 결과가 있었다.

소아시아에서는 다마스쿠스 검을 만들 때 빨갛게 달군 검을 강건한 노예에게 찔러 넣어서 식혔다는 이야기가 발견되었다. 현대에도 아름다운 물결무늬가 들어간 다마스쿠스 검이 판매되고 있지만, 전부 모조품이라고 봐도 무방하다. 종류가 다른 강철을 겹친 다음 두들겨서 늘인 것일 뿐이다.

또한 델리 교외의 야외에는 높이 7m, 지름 44cm, 무게 10t(추정)이나 되는 거대한 쇠기둥인 체드라바르만의 기둥이 서 있다. 지금으로부터 약 1,500년 전에 만들어진 이 기둥은 그 후 줄곧 비바람에 노출되어 왔지만 신기하게도 전혀 녹슬지 않았는데, 현대 과학을 동원해 녹이 슬지 않는 이유를 조사해 봤지만 아직도 밝혀내지 못하고 있다. 과거에는 '철의 순도가 높아서 녹슬지 않는 것'이라는 이야기도 있었지만, 이것은 비과학적인 헛소문이다. 또한 당시 철을 만들 때 마지막 단계에서 녹은 철에 나뭇가지와 잎을 넣었다는 전설을 바탕으로 나무에 많이 포함된 인이 녹스는 것과 관계가 있는지도 모른다는 추측도 있지만 증명되지 않았다.

이처럼 인도는 세련됨과 혼돈이 뒤섞여 있는 참으로 신비한 나라임에는 틀림없다.

델리(인도) 교외의 쿠트브 콤플렉스에 있는 쇠기둥

2-3 왜 중세 중국의 화학은 유럽에 뒤처졌을까?

중국의 과학은 서기 1500년경까지는 서양보다 훨씬 앞서 있다고 말할 수 있었으며, 예수회의 수도사들 등이 그 성과를 유럽에 소개했다.

그러나 그 뒤로는 근대 과학이 탄생해 급속한 진보를 이룬 서양과 달리 오히려 발전 속도가 둔화되었다. 16세기에 예수회의 수도사들이 명 말기~청 초기의 중국을 다시 방문했을 때는 이전과 달리 중국의 과학 기술이 크게 뒤처져 있었던 것이다.

왜 그런 일이 일어났을까? 그 원인 중 하나로 중국 문명의 자연을 대하는 방식, 바라보는 방식이 서양과 달랐던 점을 들 수 있을 것이다.

그렇다면 중국의 자연관은 어떤 것이었을까?

중국의 자연관 · 물질관

중국에서 자연계의 현상을 설명하기 위해 사용한 기본 원리는 '음양오행설'로, 이는 '음양'이라는 두 가지의 기운과 '목 · 화 · 토 · 금 · 수'라는 오행을 가리킨다.

'음과 양'이라는 두 가지가 대립한다는 이원론은 서양의 이원론과도 유사하다. 그러나 그리스에서 시작된 서양의 이원론이 서로 양립하지 않

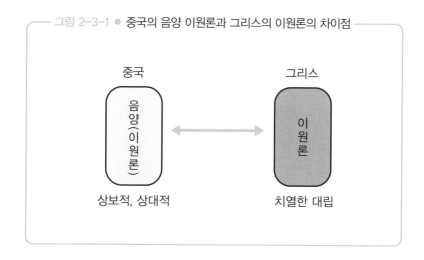

그림 2-3-1 ● 중국의 음양 이원론과 그리스의 이원론의 차이점

중국

음양(이원론)

그리스

이원론

상보적, 상대적

치열한 대립

는 치열한 대립인 데 비해, 음양의 이원론은 상보적·상대적이라는 점이 다르다.

또한 오행설은 그리스의 4원소설과 비교되지만, 그리스의 4원소는 기본 물질로서의 성격이 강한 데 비해 오행은 성질이나 기능의 측면이 중시되었다. 그 결과, 중국에서는 그리스의 원자론과 같은 생각이 탄생하지 못했다.

서양에서는 인간과 자연의 관계도 대립하는 것으로 생각했고, 그 결과 서양 과학 기술의 발달에 관한 역사는 곧 자연 정복에 관한 역사가 되었다. 반면에 중국에서는 인간도 자연계의 존재 중 하나라고 생각했다. 그래서 음양오행설은 왕조의 교체, 변천 같은 사회현상이나 인간의 생리현상에도 적용되었고, 서서히 자연과학으로부터 멀어져 갔던 것으로 여겨진다.

종교의 영향도 간과할 수 없다. 도교는 중국 고유의 민간신앙이나 신선 사상과 불교의 가르침을 융합한 종교인데, 중국의 지식인·지배층의

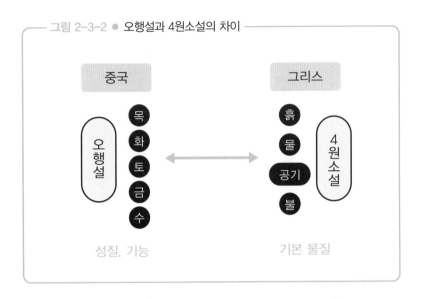

그림 2-3-2 ● 오행설과 4원소설의 차이

중국

오행설

목
화
토
금
수

성질, 기능

그리스

흙
물
공기
불

4원소설

기본 물질

문화가 유교문화였던 데 비해 서민층의 문화는 도교 문화였다고 할 수 있다.

중국의 화약, 나침반, 인쇄술

세계 4대 발명품 가운데 하나로 불리는 화약은 불로불사의 신선이 되기 위한 단약을 만드는 과정(연단술)에서 탄생했는데, 연단술로 인해 화학물질 발견과 화학반응에 관한 지식이 발전하고, 증류기를 비롯한 실험기구가 발달하게 되었다.

또한 나침반의 기반이 되는 자석의 북쪽이나 남쪽을 가리키는 성질에 관한 지식은 도교의 '기적'을 보여 주기 위한 '지남어'에 사용되고 있었다. 지남어는 물고기 모양의 나무토막에 자석을 넣은 것으로, 물에 띄우면 '남쪽'을 향하기 때문에 방향을 알기 위한 나침반처럼 사용할 수 있었다. 이 지남어(자석)의 원리가 훗날 유럽으로 전해져 나침반이 탄생했고, 그 나침반이 대항해시대에 활약하게 된다.

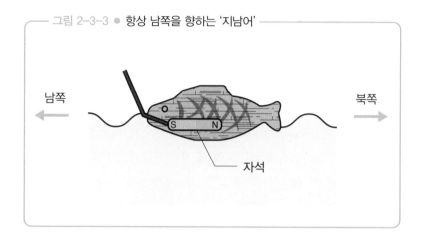

─ 그림 2-3-3 ● 항상 남쪽을 향하는 '지남어'

남쪽 ← | → 북쪽

자석

또한 인쇄술은 주로 도교의 부적이나 도교·불교의 경전을 인쇄하는 데 이용되었다. 당시의 인쇄술은 한 글자 한 글자의 '활자'를 나열해서 인쇄하는 방식이 아니라 목판에 책 한 페이지를 통째로 새기는 이른바 '판화' 같은 방식이었다.

한자는 종류가 매우 많기 때문에 활자를 전부 갖추려면 엄청난 작업이 필요하지만, 11세기에는 도기 활자를 만들어서 사용했다고 한다.

2-4 약물·마약을 사용해 사람의 마음을 조작한 종교

- 샤먼과 종교

세계에는 3대 종교로 불리는 크리스트교, 이슬람교, 불교를 중심으로 무수히 많은 종교가 존재한다. 종교 중에는 사람의 정상적인 이성을 마비시킴으로써 성립하는 것도 있다. 그리고 화학물질 중에도 알코올이나 마약처럼 정상적인 이성을 마비시키는 물질이 있다. 이런 사실은 어떤 종교는 특정 화학물질과 친밀한 관계일 수도 있음을 암시한다.

샤먼과 약물

특정 화학물질과 친밀한 관계에 있는 종교의 원류는 샤먼이라고 불리는 점술사까지 거슬러 올라간다. 샤먼에 관해서는 앞에서 잠시 다룬 바 있는데, '미래를 예언하는 능력이 있는 사람' 혹은 '예언 능력이 있다고 생각되는 사람'을 가리킨다.

샤먼의 대부분은 '트랜스 상태'라고 부르는 특수한 정신 상태에 있을 때 예지 능력을 얻는다고 한다. 그리고 샤먼들은 이 트랜스 상태에 도달하기 위한 수단으로 각성제를 사용하기도 했다. 각성제의 종류는 지역이나 나라에 따라 다양한데, 무엇이 있는지 살펴보자.

종교와 떼려야 뗄 수 없는 관계인 술, 담배, 식물, 버섯

크리스트교에서는 예수그리스도의 피를 상징하는 '포도주'가 등장한다. 불교에도 '반야탕'이라는 이름으로 술이 등장한다. 일본의 불교 종파인 진언종을 창시한 구카이의 어머니는 자신이 담근 술을 아들에게 보냈다고 하는데, 구카이는 어머니가 손톱으로 겉겨를 벗겨서 담근 술이라고해서 '조박주'라고 불렀다고 한다.

아메리칸인디언은 종교 행사를 할 때 담배를 피웠다. 그들은 담배를신성시한 것이다. 그런 담배를 크리스토퍼 콜럼버스가 유럽으로 가져옴에 따라 일반인들 사이에서 담배가 일상적인 기호품으로 널리 퍼지게 되었는데, 담배에 들어 있는 니코틴에는 각성 작용이 있으며 타르에는 발암 작용이 있다. 현재의 금연 운동은 당연한 귀결이라고 할 수 있을 것이다. 어떻게 보면 너무 늦었다고 말해야 할지도 모른다.

각성제로 널리 이용되어 온 것은 대마이다. 또한 코카인을 함유한 코카차(마테차) 등도 이용된 것으로 알려져 있다. 커피(카페인)를 이용한 사례도 있다. 녹차도 본래는 불교와 관련되어서 일본에 전래되었으며, 처음에는 사원에서 각성제로 사용되었다.

또한 각종 버섯이 이용된 사례도 있다. 어떤 종류의 버섯은 신경전달물질과 비슷한 구조의 화학물질을 함유하고 있다. 환시나 환청을 신과의교신이라고 생각하는 것은 원시 종교의 상투적인 수단이다.

살인 교단이 대마를 사용한 목적

대마에는 의약품과 마약이라는 양면성이 있다. 고대 그리스의 어느 책

그림 2-4-1 ● 대마의 부위와 효능 · 이용(의료용 각성제)

이삭
● 의약품
● 종교 의식

씨
● 식품 ● 식용유

줄기
줄기의 껍질
● 밧줄 ● 옷

잎
● 의약품 ● 사료

줄기의 심(겨릅대)
● 축제에 쓰는
횃불
● 종이 · 건축 재료

뿌리 ● 토양 개량제

에는 스키타이인들이 대마를 사용하는 모습이 쓰여 있었다. 중세가 되자 대마는 아라비아를 비롯해 유럽 각지로 퍼져 나갔다. 대마는 환각을 불러일으키는 마약인 동시에 각종 병을 치료하는 의약품으로 귀중하게 다루어졌다.

중세의 아라비아에는 사실처럼 전해져 내려오는 전설적인 이야기가 있다. 그것은 아사신이라는 교단의 '산의 노인'으로 불리는 암살 집단의 이야기이다. 이 집단에 관한 이야기는 특정 종교나 특정 정치 집단과 관련되어 있는데, 암살자를 만드는 방법은 동일하다. 먼저 길거리에서 무료해 보이는 젊은이를 발견하면 교묘한 말로 유혹해 대마에서 추출한 해시시라는 약물을 몰래 먹여 실신시킨 다음 본거지로 데려간다. 그리고 젊은이에게 그때까지 먹어 본 적도 마셔 본 적도 없는 음식과 술을 원하는 만큼 대접하고 미녀도 붙여 주는 등 극한의 향락을 즐기게 한다.

　이런 나날을 며칠 정도 보내게 한 뒤 다시 실신시켜서 원래 있었던 거리로 데려다 놓으면 정신을 차린 젊은이에게 같이 간 암살단원이 말한다. "그런 생활을 또 하고 싶다면 ××를 죽이게. 설령 실패해서 자네가 죽는다 해도, 천국에서 그런 생활을 하게 될 걸세." 이렇게 해서 '광신적인 암살자'가 탄생한다는 것이다.

2-5 군대가 '각성제'를 젊은이들에게 사용한 이유

- 아편과 필로폰

영국의 무역적자를 해소하려다 일어난 아편전쟁

마약은 역사 속에서 마치 그림자처럼 항상 인류와 함께해 왔다. 근대로 오면서 국가권력이 사람들의 생활 속에 깊숙이 침투했고, 이에 따라 국가와 약물의 관계가 구축되기 시작했다.

마약, 각성제의 원점은 아편이다. 아편은 덜 익은 양귀비 열매에 상처를 내어 흘러나온 수액을 굳혀 말린 고무 모양의 물질을 가리킨다. 아편은 먼 옛날부터 알려져 있는 약물이었다. 기원전 3400년경부터 메소포타미아에서 활발하게 재배되었고, 기원전 1500년경에는 이집트에서 아편을 만들어 진통제로 사용했다는 기록이 파피루스에 남아 있다.

그리스신화에서는 데메테르 여신이 아편을 발견한 것으로 여겼다. 로마에서는 아편을 진통제나 수면제로 이용했으며, 유흥의 목적으로도 사용했던 듯하다.

7세기에는 실크로드를 통해 중국에 전래되었다. 그러나 중국에서는 아편을 오로지 마취제, 진통제 등의 약으로만 이용했던 까닭에 근대에 들어서까지 아편이 사회적 문제가 된 적이 없었던 것으로 생각된다.

이런 아편이 국가 간의 이권 다툼으로 연결된 것이 아편전쟁이다. 영국과 중국(당시에는 청)이 1840년부터 2년에 걸쳐 벌였던 아편전쟁은 그 이름처럼 아편을 둘러싼 전쟁이었다.

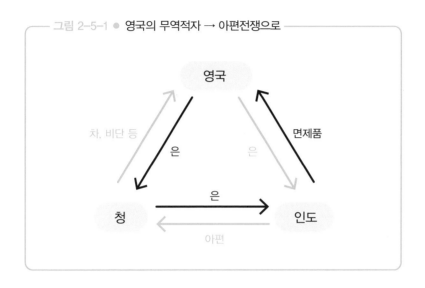

그림 2-5-1 ● 영국의 무역적자 → 아편전쟁으로

당시 정치·경제적으로 침체 상태였던 청에서는 마약에 빠져드는 사람이 늘어났다. 마약으로 현실도피를 한 결과 반쯤 폐인이 되어 가족을 고통에 빠트리고 사회 부담을 가중시켰던 것이다.

한편 청과 국교를 맺고 있었던 영국은 청으로부터 비단과 홍차 등을 수입했는데, 문제는 영국이 청에 수출할 수 있는 상품이 거의 없다는 것이었다. 당연히 영국은 수입 과잉 상태가 되어 청에 막대한 무역적자를 안게 되었다.

영국은 이 문제를 어떻게든 해결하려 했는데, 궁리 끝에 생각해 낸 해결책이 바로 아편이었다. 당시 식민지로 삼고 있었던 인도에서 아편을 대량 생산해 그것을 청에 수출함으로써 무역수지의 균형을 꾀한 것이다.

당연히 청은 이에 반발했고, 그렇게 해서 일어난 전쟁이 아편전쟁이다. 정당성은 청에 있었는지도 모르지만, 무력은 영국이 우위였다. 결국 모두가 알듯이 청은 전쟁에서 패하고 만다.

왜 전쟁터로 향하는 젊은이에게 각성제를?

일본에도 국가권력과 각성제가 결합했던 사례가 있다. 아편전쟁은 '아편에 신음하는 인민을 구하기 위해' 청의 정부가 일으킨 사건이었다. 그러나 일본에서 일어난 사건은 사정이 상당히 다르다. '일본 정부가 국민에게 각성제를 투여한' 것이다. 요컨대 정부의 방침이 정반대였다.

제2차세계대전 당시에는 추축국인 독일, 이탈리아에서도 같은 일이 일어났고, 그로부터 약 20년 뒤에 벌어진 베트남전쟁(1960~1975) 당시 미군에서도 같은 일이 일어났다고 한다. 전쟁터(사지)로 떠나는 병사에게 공포심을 없애고 사기를 끌어올려 '전투 능력을 높이기 위해' 각성제를 투여한 것이다.

미래가 창창한 젊은이가 각성제를 투여받고 정상적인 판단력이 마비된 채 '특공대원'으로서 자살 공격을 감행해 무의미하게 목숨을 잃었다고 생각하면 안타까운 마음이 든다.

전쟁 후에 일어난 '필로폰' 사건

일본 정부가 투여했던 것은 훗날 일본에서 각성제의 대명사가 된 '필로폰(화학명: 메스암페타민)'이다.

제2차세계대전이 끝나고, 패배한 일본은 혼란에 빠졌다. 질서는 무너지고 경제는 피폐해졌다. 많은 사람들이 무력감과 허무함 속에서 방황했다. 그러나 이런 상황 속에서도 열심히 일하고 공부하려 하는 사람 또한 많았는데, 이때 필로폰이 피로회복제로써 널리 이용되었다. 상표명인 '필로폰'은 '노동을 사랑한다'는 뜻의 그리스어인 '필로포누스'에서 왔다고 한다.

당시는 필로폰에 현재와 같은 나쁜 이미지가 없었다고 하지만, 그 정체가 각성제임에는 변함이 없다. 일에 열중하는 노동자나 입시 공부에 열중하는 수험생 등 온갖 분야의 '열심히 살고자 하는 사람들'이 필로폰을 복용했고, 그 결과는 불을 보듯 뻔했다. 처음에는 피로가 사라지고 머리가 맑아지며 의욕이 샘솟았을 것이다. 그러나 그것도 한순간일 뿐, 이윽고 피로가 쌓이고 금단증상이 나타나기 시작하며 간을 비롯한 장기가 손상되는 등 그 속에 숨어 있던 악마가 정체를 드러내기 시작한다. 그리고 깨달았을 때는 이미 늦어 버린 뒤다. 필로폰은 수많은 희생자를 만들어 일본에서만 환자의 수가 50만 명에 이르렀다고 한다.

2-6 마녀재판의 진짜 이유는 '균류'에 있었다?

– 맥각알칼로이드

'중세 유럽'이라고 하면 어딘가 신비하면서 어두운 이미지가 있는데, 그 원인은 아마도 '마녀 전설'에 있지 않을까 싶다.

덥고 습한 해에 많이 열렸던 마녀재판

중세 유럽의 이미지는 매우 이교적이며 신비하다. 그 대표적인 예가 마녀 전설일 것이다. 검은 드레스를 입고 검은 고깔모자를 쓴 마녀가 빗자루를 타고 하늘을 날아다니며, 어두운 숲속의 깊숙한 곳에서 커다란 솥에 까마귀의 머리, 두꺼비, 독사, 독초 등을 집어넣고 막대기로 휘저으면서 끓인다······. 이것이 마녀 전

그림 2-6-1 ● 마녀 전설의 기원은?

설 하면 전형적으로 떠오르는 이미지이다.

오늘날에는 상상도 할 수 없는 일인데, 중세 유럽에는 정말로 그런 마녀가 있었을까?

실제로 유럽에는 마녀를 재판했다는 공식 기록이 많이 남아 있다. 그것도 교회에 말이다. 그러므로 '진짜 마녀'가 있었는지는 알 수 없어도 최소한 '마녀로 의심되어 교회의 공식 재판에 회부된 여성'이 여러 명 있었다는 것은 역사적인 사실이다.

그런데 이 기록을 검토해 보면 의외의 사실을 알게 된다. 마녀재판이 열린 횟수가 매년 일정하지는 않다는 것이다. 많이 열린 해도 있고 적게 열린 해도 있는데, 추운 날씨가 계속된 뒤 고온 다습한 여름이 찾아온 해에 마녀재판이 많이 열렸다고 한다.

호밀에 기생하는 맥각균에 의한 맥각중독

추운 날씨가 계속된 뒤에 고온 다습한 여름이 찾아오면 맥각균이 발생한다. 맥각균은 주로 호밀에 기생하는 균류로, 중세 유럽에서는 맥각균이 만드는 맥각알칼로이드에 중독되는 일이 자주 있었다.

맥각알칼로이드에 중독되면 손발의 혈관이 수축해 혈액순환이 나빠지고, 그 결과 몸이 붉게 부어오르거나 통증이 나타난다. 그리고 심해지면 피부가 까매지면서 문드러진다고 한다.

이처럼 맥각균에 오염된 밀이나 호밀 등을 먹으면 신경 또는 순환기 계통이 손상되기도 하고, 자궁수축이 일어나 유산 확률이 높아진다. 그리고 피부에 부스럼이 생기고 혈관이 수축하여 팔다리가 불에 닿은 것처럼 심한 통증을 느낀다고 한다. 사람들은 이 통증이 성 안토니우스(251년경~356)가 악마의 시험에 들었을 때 받았던 화형의 고통과 같다고 생각해 '성 안토니우스의 불'이라고 불렀다. 그래서 이 병을 앓으면 성 안토니우스의 성지로 불리는 이집트로 순례를 떠났다고 하는데, 신기하게도 그렇게 해서 정말로 병이 나은 사람이 있었다고 한다. 이는 맥각균에 오염된 지역을 떠남으로써 '자연 치유'가 된 것으로 여겨진다.

맥각중독자의 구제를 사명으로 여겼던 성 안토니우스회 수도원 부속 치료원에는 독일의 화가인 마티아스 그뤼네발트(1470/1475년경~1528)가 그린 '이젠하임제단화'가 있었다. 십자가형을 당한 예수그리스도의 모습이 생생하게 그려진 이 그림을 환자가 보고 자신의 고통을 십자가에 못박힌 예수그리스도의 고통과 동화시켜 구원을 얻게 하려는 의도가 있었던 것으로 생각된다.

현대적인 관점으로 바라보면, 맥각중독은 맥각균이 만드는 맥각알칼

그뤼네발트의 이젠하임제단화(제1면)
오른쪽 패널의 인물이 성 안토니우스이다.

로이드가 원인이 된 중독이다. '알칼로이드'는 '알칼리(염기)'에서 나온 학술어로, 식물체 속에 들어 있는, 질소를 포함한 염기성 유기화합물을 통틀어 이르는 말이다.

맥각알칼로이드는 환각제의 친척이다. 오늘날 합성 환각제의 대표처럼 이야기되는 LSD가 맥각균이 만드는 독소를 인공 합성하는 과정에서 만들어진 것이기 때문이다.

중세에 '마녀'로 불렸던 여성은 맥각균에 오염된 밀이나 호밀을 먹고 심한 중독 상태가 되어 유산을 했을 뿐만 아니라 정신상태가 불안정해져 헛소리를 하게 된 불행한 여성이었을 가능성도 있다. 즉, '진짜 마녀'는 없었지만 마녀로 의심받을 만했던 '맥각알칼로이드에 중독된 여성'은 있었던 것이 아니냐는 이야기이다. 오늘날이라면 그런 여성은 즉시 병원으로 실려 가서 치료를 받았겠지만, 당시는 교회로 끌려가서 마녀재판을 받고 마녀로 간주되었다는 것이 마녀 전설의 진상일 것으로 생각할 수 있다.

마녀재판이 많았던 시기는 르네상스가 진행되는 때였던 교황 알렉산데르 6세(1431~1503)의 시대였다고 한다. 알렉산데르 6세는 로마 가톨릭 중흥의 시조로 불리는 반면에, 일설에 따르면 적당한 구실을 붙여서 당시의 자산가들을 교황청의 감옥에 가두고 자신의 가문에 전해지는 독약인 '칸타렐라(실상은 단순 비소라는 이야기도 있음)'로 독살해 재산을 몰수했으며, 그 재산으로 라파엘로(1483~1520)나 미켈란젤로(1475~1564) 같은 화가와 조각가 등을 후원했다고 한다. 평범한 교황은 아니었던 모양이다.

마녀재판에 회부되었던 여성에게는 "태어난 시대가 좋지 않았다."라는 말밖에 할 수가 없겠지만, 진상을 알고 나면 마녀라는 존재가 전과는 상당히 다르게 느껴질 것이다.

2-7 인류의 역사는 '살인의 역사'이기도 했다

- 르네상스의 빛과 그림자

　르네상스라고 하면 인류 역사에서도 특히 찬란한 빛을 발했던 혁신적인 움직임으로 평가받고 있다. 라파엘로가 마리아의 모성애를 작품으로 승화시키고, 미켈란젤로가 천국의 장엄함을 칭송했으며, 레오나르도 다 빈치가 인간의 지혜를 찬양했다. 이 시대에는 인간 육체의 아름다움과 두뇌의 총명함이 아낌없이 발휘되었고, 인류가 지닌 모든 능력이 꽃을 피웠다.

　그러나 인류가 꼭 아름다운 것을 사랑하고 늠름한 것을 찬양해 온 것만은 아니다. 인류에게는 아름다운 것을 파괴하고 늠름한 것을 폄하하려는 면도 있다. 이 서로 다른 양날의 검이라는 갈등 속에서 나타나는 것이 연약하고 덧없는 인류의 아름다움이 아닐까? 그렇지 않았다면 인류의 아름다움은 신의 아름다움과 같아졌을 것이다.

정치권력이 관여했던 '암살'

　화학은 모든 물질을 다룬다. 음식, 옷, 건축, 의료, 독물……. 모든 것이 화학물질로 이루어져 있으며, 화학의 대상이다. '독물'은 일반적으로 인류 역사의 전면에 모습을 드러내지 않고 이면에 숨어 있기 마련인데,

르네상스 시대에는 역사의 전면에서 당당하게 활약했다.

'살인의 역사'는 인류의 역사만큼 오래되었다. 성경에 따르면 인류 최초의 살인사건은 아담과 하와의 큰아들(카인, 농부)이 둘째 아들(아벨, 목자)을 죽인 것이다. 두 사람이 자신들의 신인 야훼에게 제물로써 농작물(카인)과 첫 새끼 양(아벨)을 바쳤는데, 야훼가 카인의 제물을 무시하자 카인이 질투심에 사로잡힌 것이 그 원인이었다. 이렇게 보면 진짜 원인은 신에게 있었던 것이 아닌가 싶지만, 시대와 국가를 막론하고 신에게 책임을 묻는 경우는 없는 듯하다.

그 후 살인사건은 사라지는 일 없이 계속해서 일어났고, 그 원인도 일일이 말하기가 불가능할 만큼 다종다양해졌다. 그리고 그런 살인사건 중에서 정치권력이 관여한 것을 '암살'이라고 부른다.

암살의 종류도 다양하다.

- ○ 권력자가 살인을 한 사건: 2006년에 영국에 망명한 러시아 연방보안부 전직 요원인 알렉산드르 리트비넨코가 방사성원소인 폴로늄 Po에 피폭돼 목숨을 잃은 사건

- ○ 권력자가 살해된 사건: 1963년에 미국의 제35대 대통령인 존 F. 케네디(1917~1963)가 미국 텍사스주 댈러스에서 퍼레이드 중에 저격당해 목숨을 잃은 사건

- ○ 진위가 불명확한 사건: 1821년에 프랑스의 나폴레옹(1769~1821)이 유형지인 세인트헬레나섬에서 위암으로 사망했다고 여겨지는 사건

존재 자체가 '독'? 로마 교황 알렉산데르 6세

중세 유럽에서도 특히 부각되는 것은 로마 교황 알렉산데르 6세가 일으킨 암살 사건이다. 알렉산데르 6세는 '마녀재판'에서도 소개한 바 있는 인물이다. 그의 본명은 로드리고 보르자이며, 스페인의 소규모 시골 귀족 출신으로, 출세욕, 색욕, 금전욕이 특히 강한 당시의 전형적인 성직자였다고 한다. 그런 욕망이 특히 강했던 만큼 '노력'도 남들보다 더 많이해서, 이탈리아로 진출해 매수를 거듭한 끝에 마침내 로마 교황의 자리에 올랐다. 어떻게 보면 정말로 대단했던 것은 혼돈과 무질서가 판을 치던 로마가톨릭교회 내부의 상황이었는지도 모른다.

초상화를 봐도 알 수 있듯이, 알렉산데르 6세는 결코 잘생긴 사내가 아니었다. 그러나 딸인 루크레치아는 르네상스 시대 최고의 미녀로 평가받았으며, 아들인 체사레는 유명한 정치론자인 마키아벨리에게 '당대 최고의 정치가'라고 칭송받을 만큼 수완이 뛰어난 정치가였다. 알렉산데르 6세는 이 두 자녀를 구슬려 다 쓰러져 가던 교황령의 재정 재건을 꾀했다. 일설에 따르면 자산가를 발견하면 적당한 구실을 붙여 구속하고 교황청의 감옥에 가둔 뒤, 가문에 전해져 내려오는 독약인 '칸타렐라'로 독살하고 자산을 전부 몰수해 교황청의 재산으로 삼았다고 한다.

알렉산드르 6세는 교황령 재건과 더불어 라파엘로나 미켈란젤로 같은 예술가들을 아낌없이 지원했다. 그래서 알렉산데르 6세는 최악의 교황으로 불리는 반면에 로마 가톨릭 중흥의 시조로 평가되기도 한다.

맹독 칸타렐라의 원료는 스카라베?

보르자 가문의 맹독이라고 전해 내려오는 칸타렐라는 고대 이집트에서 성스러운 곤충으로 여겼던 '스카라베'의 가루로 만든 것이라고 한다. 그러나 이것은 믿기 어려운 이야기이다. 스카라베는 우리말로 '쇠똥구리'로, 《곤충기》에서 장 앙리 파브르(1823~1915)가 관찰한 것으로 유명한 곤충이다. 쇠똥구리는 경단 모양으로 뭉친 동물의 똥을 뒷다리로 굴려 후진하며 그 경단 속에 알을 낳는다. 그리고 알에서 태어난 애벌레는 경단 속에서 살다가 어른벌레가 되어 나오는데, 이것을 본 이집트인들이 '죽지 않는 곤충'이라고 숭배했을 뿐 독도 약도 되지 않는 평범한 곤충에 불과하다.

알렉산데르 6세가 사용한 '칸타렐라'라는 독은 결국 '스카라베'의 가루가 아니라 비소화합물(삼산화비소, As_2O_3)이었던 것으로 추측되고 있다. 비소는 무색·무미·무취의 가루(고체)이며, 당시 이미 상당히 높은 순도의 비소를 만들 수 있었다고 한다.

은식기로 '독을 검출'할 수 있다?

먼 옛날부터 비소는 '암살용 필살 독'으로 불렸으며, 전 세계에서 수많은 유명인을 살해한 역사가 있다.

그런 까닭에 당시 유럽의 자산가들은 항상 독살의 두려움 속에서 살아야 했는데, 이 때문에 그들이 생각해 낸 것이 '은'을 이용해서 독을 검출하는 방법이었다.

은은 황과 결합하면 검은 황화은AgS으로 변화하기 때문에 '독이 들어 있는지 가르쳐 준다'고 알려져 있다. 일본에서도 "버섯에 은비녀를 꽂았을 때 비녀가 검게 변하지 않는다면 그것은 먹을 수 있는 버섯이다."라는 이야기가 전해진다.

르네상스 시대에 화려한 은식기가 사용된 배경에는 이런 사정이 있었던 것이다. 그러나 안타깝지만 은은 비소와 결합해도 검게 변하지 않는다. 그러므로 이론상으로는 은식기가 전혀 도움이 되지 못한다.

그러나 당시의 비소에는 불순물로서 황이 들어 있었다고 하므로, 은식기가 비소(사실은 황)에 반응해 검게 변했을지도 모르지만, 은식기가 낮은 농도의 황에 반응해 검게 변할 무렵이면 그 음식을 먹은 사람은 이미 천국 혹은 지옥으로 여행을 떠난 뒤일 테니 역시 도움은 되지 않았을 것이다.

그래도 긍정적으로 생각하면, 은에는 강력한 살균작용이 있으므로 당시의 비위생적인 물을 살균해 식중독을 예방해 주는 효과 정도는 있었을 것이다.

'어리석은 자의 독'에서 새로운 암살 약 탈륨으로

중세 이탈리아의 나폴리와 로마 등 많은 도시국가에서는 비소가 든 물이 여성용 화장수(아쿠아 토파나)로 팔렸고, 이 때문에 수많은 남편들이 목숨을 잃었다는 이야기도 전해진다.

이처럼 오랫동안 많은 사람들이 비소를 애용해 왔는데, 19세기에 들어와 제임스 마시(1794~1846)라는 화학자가 비소의 존재를 손쉽게 검출할 수 있는 마시시험법을 개발함에 따라 비소를 넣었는지 즉시 들통나게 되었다. 그 뒤로 비소는 '어리석은 자의 독'으로 불리며 점점 사용되지 않게 되었다고 한다.

그리고 1861년에 발견된 탈륨Tl이 비소 대신 사용되기 시작했다. 탈륨이라는 명칭은 그리스어로 '녹색 나뭇가지'를 뜻하는 'thallos'에서 유래한 것이다. 불꽃스펙트럼에서 진한 녹색을 나타내기 때문에 이런 이름이 붙었는데, 굉장히 독성이 강한 원소이다. 일본 시즈오카현에서는 2005년에 고등학교 1학년 여학생이 어머니에게 탈륨을 먹이고 증상의 변화를 공책에 자세히 기록하는 엽기적인 사건이 일어나기도 했다.

독극물은 무서운 물질이다. 추리소설로 유명한 영국의 작가 애거사 크리스티(1890~1976)는 종군 간호사로 활동했던 경험이 있었기에 탈륨 중독에 관해서도 해박했는데, 미숙한 의사가 탈륨중독을 단순한 '병'으로 오인한 사례를 수없이 목격했다고 한다. 그렇게 의사가 잘못 진단한 병명의 수가 '백화점의 물품 수'보다 많았다는 걸로 보아 현재도 어딘가에서 누군가가 탈륨에 희생되고 있는지도 모른다.

● 화학의 창 ●

희생을 동반했던 '중세의 화학물질'

같은 말이라도 시대에 따라 다른 의미를 지니는 경우가 있다. 가령 '화학물질'이라고 하면 인공적으로 만든 합성 화학물질을 생각하겠지만, 이것은 현대인의 시각일 뿐이다. 애초에 합성 화학물질이 없었던 중세에는 화학물질이라고 하면 자연계에 존재하는 것을 가리켰다. 현대의 잣대로 과거를 보아서는 안 되는 것이다.

그러면 질문을 하나 하겠다. '독'이란 무엇일까? '수명을 단축하는 물질'일까? 이것은 현대인의 발상이다. 중세 사람들은 독을 다른 관점에서 바라보았다.

중세 사람들에게 독이란 '먹어서는 안 되는 것'이었다. 당시 독은 어디에나 있었다. 사람들은 실수로 독버섯을 먹거나 독사 또는 독충에게 공격당하지 않도록 주의하며 생활했을 것이다. 자연계에 있는 버섯의 10%는 독버섯이며, 1%는 맹독을 가지고 있다. 산나물인 고사리도 독초이다. 그러나 우리는 고사리를 맛있게 먹는다. 그것은 먹기 전에 떫은맛을 제거하기 위해 삶고 말린 다음 요리하기 전에 다시 물에 불리는 과정 덕분이다. 이 작업이 고사리의 프타퀼로사이드라는 독성물질을 제거해 인체에 무해하게 만드는 것이다.

이것은 옛사람들이 수많은 희생을 거치며 손에 넣은 살아 있는 지혜이다. 이런 것들이 쌓여서 화학의 역사를 만들어 온 것이다.

화학을 성장시킨
연금술

3-1 비금속을 귀금속으로 바꾸는 마법

- 연금술의 시대

'연금'은 쇠붙이를 불에 달구어 두드려 단련하는 것을 말하는데, 연금술은 '비금속을 금(귀금속)으로 바꾸려 한 화학 기술'을 뜻한다.

'비금속'이라고 하면 '금·은 이외의 금속'을 가리키기도 하지만, 일반적으로 공기 중에서 가열하면 쉽게 산화하고 이온화경향도 비교적 큰 금속을 가리킨다(비금속卑金屬과 비금속非金屬은 발음만 같을 뿐 다른 뜻이다. 앞으로 특별한 표기가 없다면 비금속은 卑金屬을 뜻한다).

—— 그림 3-1-1 ● 연금술은 무엇을 무엇으로 바꾸는 기술일까?

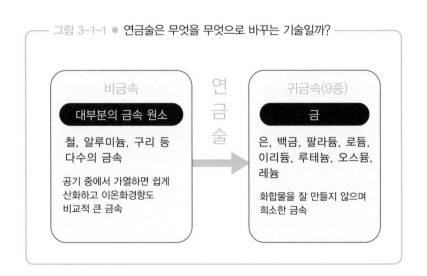

연금술은 값싼 납이나 주석 등의 '비금속'을 값비싼 금, 은, 백금 같은 '귀금속'으로 바꾸는 '의심쩍은 요술' 혹은 비금속을 금으로 바꿔 준다며 사람을 속이는 '사기'로 인식되는 경향이 있다. 그러나 연금술의 본래 의미는 그런 수상쩍은 것이 전혀 아니었다. 본래는 '인격을 금처럼 고귀한 것으로 만든다'는 의미를 지닌, 순수하고 진지한 철학, 윤리학, 과학적인 사고 체계였던 것이다.

어쨌든, 연금술사들이 존재하지 않았다면 무모하다고도 생각되는 수많은 실험도 없었을 것이며, 결과적으로 '현대 화학도 존재하지 않았을 것'이라는 말만큼은 분명하게 할 수 있다. 최근 들어 연금술을 재조명하는 연구가 진행되고 있는데, 유의미한 발전이 있을 것으로 기대된다.

연금술의 기원은 고대 이집트?

비금속을 정련해서 금으로 만들고, 금속뿐만 아니라 다양한 물질, 인간의 육체나 영혼까지도 더욱 완전한 존재로 정련하려고 한 것이 연금술이라는 이야기를 했다.

이런 연금술의 기원은 고대 이집트 혹은 고대 그리스에서 찾을 수 있다. 고대 이집트의 파피루스 문서에는 '금속을 추가함으로써 금이나 은을 늘리는 방법' 같은 '문자 그대로의 연금술'을 떠올리게 하는 내용이 기록되어 있기 때문이다. 연금술은 고대 이집트에서 고대 그리스를 통해 이슬람 문화권인 아라비아에 전래되었고, 이윽고 유럽을 석권했다. '만물은 4원소로 구성되어 있다'고 생각한 아리스토텔레스(기원전 384~기원전 322) 등 고대 그리스 철학자들의 물질관은 이슬람 문화권인 중세 아라비아의 연금술에 지대한 영향을 끼쳤다.

12세기에는 이슬람 문화권에서 발전한 연금술의 문서가 라틴어로 번역되면서 유럽에서도 연금술이 활발히 연구되어 화학의 토대를 다지게 되었다. 그러나 연구가 활발해지는 가운데 인간이 이런 것을 만들어 내는 것은 신이 창조한 '자연'을 거스르는 오만한 행위가 아니냐는 반대 의견도 늘어났다.

사이비 연금술의 횡행

연금술이 널리 알려지자 이것을 이용해 가짜 금, 모조 귀석 등을 판매하는 사기도 횡행하게 되었다. 이런 '사이비 연금술사'들은 욕심 많은 지방 귀족들을 표적으로 삼아, 그들에게 금을 만들어 주겠다며 접근해 귀족의 집에서 머물면서 실험실의 설비 대금, 연구비 등의 명목으로 거액의 돈을 뜯어낸 다음 어느 순간 종적을 감춰 버렸다.

그림 3-1-2 ● 수많은 귀족이 연금술사에게 자금을 제공했다

이런 풍조를 우려한 교황 요한 22세(1244년경~1334)는 1317년에 연금술의 금지를 결정했다. 그러나 금지령이 떨어졌음에도 연금술은 쇠퇴하지 않았다. 연금술에 반대하는 의견이 있는 반면에, 인간이 그 능력을 사용해서 새로운 것을 만들어 내는 행위는 "신에 대한 조력"이라고 주장하는 목소리도 있었기 때문이다. 그것이 불가능하다는 것이 자연현상에 입각한 과학이지만, 당시는 아직 실험과학이라는 개념이 확립되어 있지 않았다.

연금술사들은 '세상에 존재하는 다양한 광물은 본래 한 종류이며, 여러 요인에 따라 본질적인 광물이 되었거나 비본질적인 광물이 되었을 뿐'이라고 생각했다. 그리고 '그 요인은 정해진 것이 아니라 바꿀 수 있는 것이기에 광물의 변성 또한 가능하다'고 생각했다. 그랬기에 땅속 깊은 곳에서 수천 년에 걸쳐 값싼 금속이 값비싼 금속으로 변성되는 자연의 과정을 인위적으로 가속시킬 기술이 틀림없이 존재하리라고 믿으며 열심히 연구했던 것이다.

3-2 철학적인 의미도 담겨 있었던 연금술

연금술을 단순히 '값싼 비금속'을 '값비싼 귀금속'으로 바꾸어 일확천금을 노리는 요술이나 사기로만 생각하는 것은 수많은 성실한 연금술사의 노력을 헛되게 만드는 일이다.

연금술의 궁극적인 목적은 '현자의 돌'을 발견하거나 만드는 것이었다. 당시의 연금술사들은 현자의 돌이 비금속을 귀금속으로 연성할 수 있듯이 '평범한 인간'을 '고매한 인격의 고귀한 인간'으로 승화시킬 수 있다고 생각했기 때문이다. 요컨대 연금술의 최종적인 목적은 '인간을 고귀하게' 만듦으로써 그런 인간들이 모여 있는 '인간 사회(세계)를 고귀하게' 만든다는, 고매한 정신주의에 입각한 것이었다.

이렇게 생각하면 연금술사는 머릿속에 돈벌이 생각밖에 없었던 사기꾼 집단과는 성격이 180도 다른, 매우 숭고한 철학자 집단이었음을 알게 된다.

인간을 승화시키는 '마그눔 오푸스'

크리스트교적으로 표현하면, 성경에서 말하는 "원죄 이전의 인간(선악과를 먹기 전의 아담과 하와)의 상태로 승화시킬 수 있다."라는 것이다.

그리고 궁극적인 목적은 세계의 재생=우주 전체의 승화라고 한다.

이 인간의 승화나 세계의 재생을 '마그눔 오푸스(위업)'라고 불렀다.

육체를 구제한다

연금술사들이 만들고자 했던 것 중 하나로 '엘릭서'라고 부르는 액체
도 있었다. 엘릭서(영약)는 현자의 돌과 마찬가지로 금속의 변성이나 병
의 치료를 가능케 하는 영약이라고 한다.

연금술사 중에는 실제로 엘릭서를 개발해 다 죽어 가던 병자를 회복
시킨 사람도 있었다고 한다. 엘릭서를 마신 환자는 말하자면 실험체가
된 셈이지만, 이렇게 연금술의 지식을 의학에 응용해 인간의 건강을 지켜
주는 약을 만드는 것도 연금술의 목적 중 하나였다.

즉, 연금술사란 본래 수상쩍은 마술사 같은 것이 아니라 '철학자'
나 '현자'의 대명사 같은 의미도 담고 있었음을 잊어서는 안 될 것이다.

───── 그림 3-2-1 ● 엘릭서는 어떻게 만들까? ─────

● 화학의 창 ●

뉴턴도 연금술사였다?

현대인이라면 누구나 "연금술은 절대 실현할 수 없는 기술이야!"라고 단칼에 부정할 것이다. 그러나 생각해 보기 바란다. 연금술은 고대 그리스의 학문을 응용한 것이다. 다른 학문과 마찬가지로 연금술도 실험을 통해서 발전했으며, 각종 발명과 발견을 이루어 냈다. 그리고 이를 통해 결국 '화학'이라는 과학으로 새롭게 태어날 수 있었다. 이는 역대 연금술사들의 공헌이 없었다면 불가능했을 일이다.

최근 50년 동안 현대 화학은 놀랄 만큼 진화했다. 만들고자 하는 것 (분자)이 있으면 그것이 '이론적으로 불가능한 것'이 아닌 이상 어떤 분자든 만들어 낼 수 있게 되었는데, 그런 탓에 프레온, PCB, 다이옥신 같은 공해물질을 세상에 퍼뜨리고 말았다. 지금은 유전공학을 통해 과거에

존재한 적이 없었던 생물들을 세상에 퍼뜨리려 하고 있다. 이런 것들을 보면서 문득 화학이 이렇게 급속히 발전해도 되는 것이었을까 하는 의문이 들기도 한다.

연금술사들이 세상에 널리 퍼진 이미지처럼 반드시 마법사나 매드 사이언티스트 같은 행색과 생활을 했던 것은 아니다. 다른 직업에 종사하면서 연금술 연구를 했던 인물도 많았다. 가령 만유인력을 발견한 것으로 유명한 아이작 뉴턴(1643~1727)도 연금술을 깊게 연구해 방대한 문헌을 남긴 인물 중 한 명이다.

최근 들어 연금술적인 세계관에 대한 재평가가 진행되는 것은 참으로 기쁜 일이라고 할 수 있을 것이다.

3-3 이집트에서 이슬람 세계, 그리고 유럽으로

- 연금술의 역사

연금술의 기원에 관해서는 명확히 알려져 있지 않다. 기원전의 메소포타미아나 이집트, 중국, 인도 등지에서 야금술·철학·의학·물리학 등의 다양한 학문이 모여 자연 발생한 것이 아닐까 생각되는 정도이다.

초기에는 실용적인 기술의 집성체였던 것이 이후 이슬람 세계에서 연금술의 형태로 발전하고, 로마를 거쳐 유럽으로 전파된 것으로 보인다.

고대의 연금술

고대 이집트에서는 실용적인 과학 기술이 발전하고 있었다. 이는 미라를 만드는 과정에서 기름이나 향료가 필요했던 영향으로 생각된다. 또한 고대 이집트인들은 보석 가공이나 착색, 청동 제조 기술도 뛰어났다.

1800년대에 이집트 테베의 고대 묘지에서 그리스어로 적힌 파피루스들이 발굴되었다. 이것은 현재 소장하고 있는 대학교와 도시의 이름을 따서 '레이던 파피루스(네덜란드의 레이던 대학교)', '스톡홀름 파피루스' 등으로 불린다. 서기 3세기경에 만들어진 것으로 보이는 이들 파피루스에는 금이나 은에 다른 금속을 추가해서 양을 늘리는 방법(합금)과 염색법이 기록되어 있다.

메소포타미아는 기술로서의 연금술의 주요 발상지 중 하나이다. 당시의 메소포타미아는 이집트 못지않게 기술이 발달했던 곳으로, 세계에서 가장 오래된 전지(바그다드 전지)가 발견된 곳도 이 지역이다.

연금술의 철학적 측면은 고대 그리스 철학의 영향을 받은 것으로 생각된다. 가령 4원소설의 바탕에는 그리스의 자연철학이 깔려 있다.

알렉산드리아에서 이슬람 세계로

연금술은 이후 이집트의 알렉산드리아에서 이슬람 문화권으로 전파되었고, 그곳에서 체계화된 뒤 유럽으로 들어가게 된다.

알렉산드리아에서는 3~5세기에 걸쳐 연금술의 철학적 측면이 발전했다. 그 이유는 당시 '사교'에 대한 탄압이 강해짐에 따라 대규모 실험 등 눈에 띄는 활동을 할 수 없게 되었기 때문으로 생각된다. 이 무렵에 크리스트교, 유대교, 이집트 신화 등의 철학이 융합해 연금술의 토대를 이루는 철학이 만들어졌을 것이다.

또한 연금술이 기술적으로 발전하는 데에는 여성들이 큰 공헌을 했다고 알려진다. 여성 연금술사들은 부엌에서 어느 가정에나 있는 조리 기구로 다양한 실험을 했다고 여겨진다. 오늘날에는 여성뿐만 아니라 남성도 부엌일을 하게 되었지만, 여성이 부엌에서 무엇을 하고 있는지 상세히 관찰하고 이해하는 남성은 예나 지금이나 그리 많지 않을 것이다.

알렉산드리아에서 연금술이 전래된 이슬람 문화권은 연금술 이외의 학문도 발달한 곳이었으며, 도서관과 학교도 많았다. 그래서 지식을 얻기 위해 지중해 인근의 유럽 국가들에서 학자들이 찾아왔는데, 유럽의 학자들이 접한 지식과 기술 중에는 연금술도 포함되어 있었을 것이다.

그 지식들은 이탈리아의 시칠리아를 통해 유럽으로 흘러들어 갔다.

　그런 이슬람 문화에 대한 관심을 불러일으키고 연금술을 확산하는 데 일익을 담당한 것은 11세기에 명목상으로는 크리스트교의 예루살렘 탈환, 실질적으로는 동로마제국 구원을 목적으로 결성된 십자군이었다.

유럽 연금술의 진화

　연금술은 13세기부터 17세기 전반에 걸쳐 유럽에서 크게 발전했다. 이 발전을 통해 기술이었던 연금술이 지적 체계로서의 연금술로 진화했다고 할 수 있다.

　또한 서유럽에서는 12세기부터 연금술 연구가 진행되어 연금술에 관한 수많은 문서가 만들어졌다. 이들 문서는 전설적인 연금술사이며 그리스의 신인 헤르메스와 동일시되는 '헤르메스 트리스메기스토스'가 썼다고 해서 '헤르메스 문서'로 불린다. 헤르메스 문서는 연금술에 관한 연구서로서 일급 자료로 평가받고 있다.

　15세기에는 서유럽에 마술의 존재가 확산한 것에도 영향을 끼쳐, 연금술이 신비주의(초자연적인 존재로부터의 신탁을 교리로 삼는 철학)에 바탕을 둔 일종의 비밀 종교가 되어 갔다. 이 시

헤르메스 트리스메기스토스
(트리스메기스토스란 '3배 위대하다'라는 뜻)

대에 연금술사들 중 일부 강경파는 단속을 피하기 위해 지하로 숨어들었고, 그 내용도 점점 이해하기 어려워졌다.

한편 많은 연금술사들은 단속의 대상이 되는 철학적인 측면을 버리고 연금술을 '황금을 만들기 위한 연구를 하는 학문'으로 특화해 사리사욕에 눈이 먼 권력자와 성직자 등을 상대로 활동을 계속했다. 당시의 사회 분위기상 명백한 사교 숭배가 아닌 이상은 "황금으로 만들 수 있는지를 연구하는 연금술입니다."라고 말하면 교회도 어느 정도 허용해 준 모양이다. 어쨌든, 이 결과론적인 발상이 옳았는지 16세기가 되자 현대의 화학으로 이어지는 연구 논문이 나오기 시작한다.

그러나 17세기 후반이 되어 프랑스의 철학자이자 과학자인 르네 데카르트가 주장한 근대적인 실제적 합리주의가 퍼지면서 어중간한 관념론을 버리지 못한 연금술은 서서히 사라져 갈 운명에 처했다. 그래도 이 시기에는 아직 연금술사라고 부를 만한 사람들이 조금이나마 존재했다. 그들 중 대부분은 연금술의 화학 부분만을 연구하게 되었고, 훗날 화학과 합일해 진정한 의미에서의 화학자가 되어 갔다.

그리고 18세기가 되자 연금술은 거의 소멸되어 버린다.

— 그림 3-3-1 ● 철학적 측면이 사라지고, 화학으로 살아남은 연금술 —

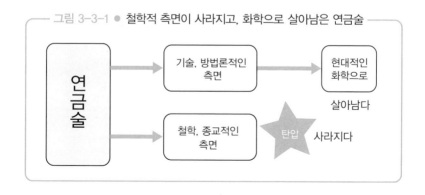

3-4 실험 기구·시료를 만들어 낸 연금술

연금술에는 현대의 화학으로 이어지는 기술적인 측면과 일종의 비밀 종교 같은 관념론적, 철학적 측면이 있었다. 여기에서는 화학적인 측면을 대표하는 연금술의 기술을 살펴보자.

어떤 실험 기구를 사용했을까?

연금술사들은 여러 가지 실험 기구를 고안, 발명했다. 유대인 마리아는 서기 1세기~3세기경의 연금술사인데, 윗면에 금속 조각을 붙여서 증기를 모으는 밀폐 용기인 '케로타키스'라는 장치를 발명했다고 여겨진다. 중탕 혹은 중탕냄비를 의미하는 프랑스어인 '뱅마리'는

연금술에 사용되었던 뱅마리

그의 이름에서 유래한 것이라고 한다.

또한 알렘빅이라는 증류기는 여러 종류가 만들어졌는데, 그중 몇 가지는 일본 에도시대에 전해져 멋과 풍류를 즐기는 사람들이 술자리에서 청주를 증류해 소주로 만들어 손님에게 대접하며 즐겼다는 이야기가 남아 있다.

그러나 이런 실험 기구들은 당시로서는 손에 넣기가 매우 힘든 값비싼 물건들이었다. 게다가 화학은 실험 기구가 있다고 해서 실험을 할 수 있는 것이 아니다. 시료와 시약이 필요하다. 그런 실험에 필요한 귀석이나 약초, 그리고 실험을 뒷받침할 방대한 문서를 구입하려면 엄청난 경제력이 요구되었다. 요컨대 앞에서도 이야기했듯이 귀족이나 교회의 힘이 없이는 그런 것들을 모두 갖춘 실험실을 실현할 수 없다. 그런 이유에서 지식과 자금력이 모이면서 이런 설비를 갖춘 수도원은 연금술을 연구하기에 안성맞춤인 장소가 되었다.

현자의 돌을 만드는 방법

연금술의 최대 목표는 현자의 돌을 만들어 내는 것(혹은 찾아내는 것)이었는데, 연금술 중에서 가장 '모르는' 것이 바로 이 현자의 돌을 만드는 방법이었다.

현자의 돌을 만드는 기술은 '위업(마그눔 오푸스)'이라고 불렸으며, '습한 길(습윤법)'과 '마른 길(건식법)'의 두 종류가 있다고 여겨졌다.

'습한 길'은 재료를 수정으로 만든 구형 플라스크인 '철학자의 알'에 집어넣어 밀폐한 다음 '아타노르'라는 용광로에서 가열하는 방법으로, 완성하기까지는 빨라도 40일이 필요하다고 생각되었다.

이에 비해 '마른 길'은 흙으로 만든 도가니만을 사용해서 불과 4일 만에 완성시키는 방법이다. 그래서 실험 환경이 열악했던 연금술사들은 '마른 길'을 선택했으며, 그 결과 유럽의 연금술에서 가장 많이 실시된 방법으로 알려지게 되었다. 그럴 만도 한 게 일반적인 상황에서 두 방법 가운데 '습한 길'을 자진해서 선택할 사람이 과연 얼마나 될까? 품질 차이가 굉장히 크지 않은 이상, 당연히 '습한 길'은 수지가 맞지 않는다고 생각할 것이다.

이 작업에서 재료는 검은색, 흰색, 붉은색으로 색이 바뀌어 간다고 한다. 현자의 돌은 '붉고 상당히 무거우며 빛나는 분말의 모습으로 나타난다'고 여겨졌다. 그리고 이 현자의 돌을 수은이나 가열해서 녹인 납 혹은 주석에 넣으면 대량의 귀금속으로 변화한다고 한다. 붉은 돌은 비금속을 '금'으로 바꾸고, 흰 돌은 비금속을 '은'으로 바꾼다고 여겨졌다.

—— 그림 3-4-1 ● 습한 길 – 밀폐된 구형 플라스크를 가열하는 아타노르 ——

철학자의 알
(플라스크)

3-5 금속을 정제·증류·승화하는 등의 기술을 축적하다

– 화학으로의 발전 ②

연금술에는 근본적으로 '과학 기술의 일종'이라는 측면과 '종교적 철학의 일종'이라는 측면이 있었는데, 적어도 과학 기술 분야에서는 부정할 수 없는 성과를 내기도 했다.

여기에서는 그런 성과들을 살펴보자.

증류 기술 — 알렘빅 증류기

연금술을 통해서 탄생한 성과 중 하나는 화학 실험 기술 개발이다. 그 중에서도 기원전 2세기경에 발명된 것으로 알려진 알렘빅은 천연물 화학의 발전에 지대한 공헌을 했다. 알렘빅을 이용해 순도 높은 알코올을 정제하고 나아가 그것을 이용해 천연물로부터 특정 성분을 추출하는 기술은 화학분석, 화학공업으로 나아가는 길을 열었다.

또한 녹반이나 백반 등 황산염이 포함된 물질을 건류해서 황산을 얻는 기술도 마찬가지이다.

$$KAl(SO_4)_2 \text{(백반)} + 4H_2O \rightarrow KOH + Al(OH)_3 + 2H_2SO_4 \text{(황산)}$$

황산과 소금을 혼합해서 염산을 얻고, 염산과 질산을 혼합해서 왕수를 얻었던 것도 증류의 기술이 있었기에 가능했다고 할 수 있다.

$$H_2SO_4 + 2NaCl(소금) \rightarrow 2HCl(염산) + Na_2SO_4$$
$$염산 + 질산 \rightarrow 왕수(혼합물)$$

— 그림 3-5-1 ● 화학의 발전에 기여한 알렘빅 증류기 —

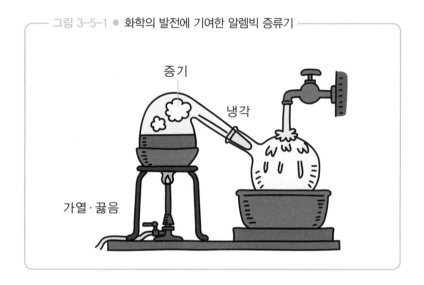

증기

냉각

가열 · 끓음

화학약품 개발 — 불로장생의 약

인도의 연금술은 의학의 한 분야로 발전하다 8세기경부터 연금술로서 체계화되었다. 인도에서는 연금술을 해탈의 보조 수단으로 생각했다.

인도의 연금술에서는 수은의 마력으로 납, 주석 등을 은 또는 금으로 바꾸고, 불로장생의 약을 만들 수 있다고 생각했다.

이 연금술이 발전하는 과정에서 다양한 실험을 통해 금속의 정련이나 증류, 승화법 같은 화학적 지식이 점차 축적되었고, 14~15세기경에는 이 연금술로 만든 약물에서 실제 의료 효과를 추구했다고 한다. 드디어 일반 시민에게까지 영향을 끼치게 된 것이다.

전쟁을 바꿔 놓은 화약

중세의 역사에 가장 큰 영향을 끼친 발명품은 화약, 폭약이 아니었을까 싶다. 화약이 유입되기 이전의 전쟁은 유명한 도검 장인이 만든 칼을 들고 나온 이름난 무장들이 서로 마주하고 자웅을 겨루는 식의 싸움이었는데, 화약의 등장과 함께 전쟁의 양상이 갑자기 변했다. 놀랍게도 어제까지 밭을 갈던 농부가 막대(총) 한 자루만 들고 있으면 명성 높은 무장을 쓰러트릴 수 있게 된 것이다. 화려한 갑옷으로 몸을 장식한 무장은 설 자리를 잃어버렸다.

— 그림 3-5-2 ● 흑색화약이 전쟁의 형태를 바꿔 놓았다 —

화약은 7~10세기경에 중국의 연단술사가 선단(불로장생의 영약)을 만드는 과정에서 황과 질산, 목탄을 혼합하다 우연히 발명한 것으로 알려져 있다. 이 혼합물은 훗날 초석(질산칼륨)KNO_3과 황S, 목탄C의 혼합물로 개량되었다. 이것이 흑색화약으로, 현재는 장난감 폭죽, 총포나 불꽃놀이의 발사약(장약) 등에 사용되고 있다.

도자기 제조법의 재발견

연금술과는 관계가 없어 보이지만, 서양 도자기의 출현과 발전에 관여한 것도 잊어서는 안 될 연금술사의 공적 중 하나이다.

18세기의 유럽에서는 동양의 도자기가 현재는 상상도 할 수 없을 만큼 귀한 대접을 받고 있었다. 왕과 제후는 물론이고 귀족과 자산가들까지도 탁자과 난로, 선반, 벽 등 집 안 곳곳에 동양의 도자기를 장식하고 자랑거리로 삼았다.

그러나 당시의 도자기는 전부 중국이나 일본 등지에서 수입해 왔기 때문에 가격이 매우 비쌌는데, 유럽에서 도자기를 생산할 방법을 발명한 사람이 바로 연금술사였다. 작센 후작 아우구스트 2세(1670~1733)가 연금술사인 요한 프리드리히 뵈트거(1682~1719)에게 동양 도자기 연구와 제조를 명령한 것이다. 명령을 받은 뵈트거는 연구를 거듭했고, 결국 1709년에 동양 도자기에 못지않은 흰 도자기를 만드는 데 성공했다. 이것이 마이센 자기의 시작이다.

● **화학의 창** ●

원시적으로 보이지만 합리적이었던 옛날의 실험 기구

정밀하고 아름다운 실험 기구는 화학의 재미 중 하나이다. 그런데 오늘날과 같은 정밀한 실험 기구가 없다면 아무런 실험도 할 수 없었을까?

일본에서는 에도시대에 들어서자 많은 사람이 소주를 마시게 되었다. 소주는 간단히 말하면 청주(에탄올 함유량 15%)를 증류해 알코올 성분을 높인(약 25%) 술이다. 그렇다면 정밀한 기구가 없었던 에도시대의 사람들이 어떻게 청주를 증류했을까? 아래의 그림은 당시 증류 장치의 개략도이다. 거르지 않은 청주를 냄비에 넣고 불을 붙인다. 끓는점이 낮은 에탄올이 제일 먼저 끓어서 기체가 되면 그것을 통 위에 설치한 뚜껑에서 식혀 액화한 다음, 아래에 설치한 홈통을 통해서 모으는 방식이다. 뚜껑에는 차가운 물을 채워 놓는다.

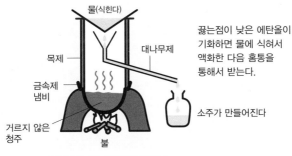

물(식힌다)

목제

금속제
냄비

거르지 않은
청주

불

끓는점이 낮은 에탄올이
기화하면 물에 식혀서
액화한 다음 홈통을
통해서 받는다.

대나무제

소주가 만들어진다

원시적이지만 합리적인 증류기

굉장히 원시적이지만 합리적인 장치이다. 우리는 '증류'라고 하면 정밀함이 필요하다고 생각하는 경향이 있는데, 이런 장치로도 충분히 소주를 만들 수 있는 것이다.

Part 4

대항해시대·
산업혁명 시대의 화학

4-1 왜 새로운 교역로가 필요했을까?

- 금과 향료를 찾아서

유럽의 '중세'를 '서로마제국의 붕괴부터 동로마제국의 멸망까지'라고 하면 대략 서기 500년부터 1500년경까지가 된다. 그리고 다음의 '근세'가 영국의 산업혁명이나 나폴레옹시대까지라고 하면 대략 서기 1500년부터 1800년대까지가 된다.

이 중세와 근세에 걸친 시대구분 중에는 대항해시대와 산업혁명이 있다. 대항해시대는 15세기 중반부터 17세기 후반까지의 시대인데, 주로 포르투갈과 스페인이 아프리카와 아시아, 아메리카 대륙을 향해 대규모 항해를 감행했다. 한편 산업혁명은 18세기 중반 영국에서 시작된, 일련의 산업에 일어난 혁명을 가리킨다. 석탄을 이용한 에너지혁명, 그 에너지를 사용한 대규모 기계의 이용, 여기에 동반된 사회구조의 변혁 등이 일어났다.

대항해를 유도한 다양한 목적들

1492년에는 크리스토퍼 콜럼버스(1451~1506)가 스페인에서 출발하여 아메리카 대륙에 도착했고, 1497년에는 포르투갈에서 출항한 바스쿠 다 가마(1460/1469년경~1524)가 인도항로를 개척했으며, 1522년에는 페르

그림 4-1-1 ● 대항해시대의 항해 지도

➡ 디오구 캉 1482   ➡ 바스쿠 다가마 1497~1498   ⇢ 마젤란 함대 1519~1522
⇢ 바르톨로메우 디아스 1487   ⇢ 크리스토퍼 콜럼버스 1492~1493   ➡ 존 캐벗 1497

디난트 마젤란(1480?~1521)이 이끌던 스페인 함대가 스페인을 출발하여 세계 일주에 성공했다.

왜 이처럼 세계사에 남는 대항해들이 이 시기에, 그것도 연달아서 이루어졌을까?

대항해시대는 르네상스가 꽃을 피우고 종교개혁이 시작된 시대이다. 르네상스를 통해서 개척되어 세계에 퍼진 새로운 지식은 사람들을 '아직 본 적이 없는 세상의 끝을 보고 싶다.'라는 욕구로 이끌었을 것이다.

또한 종교개혁으로 궁지에 몰렸던 가톨릭교회는 '새로운 땅에서의 포교'를 바라고 있었을 것이다.

이처럼 목적, 바람은 저마다 달랐다고 추측된다.

PART 4 대항해시대·산업혁명 시대의 호황

이것을 화학의 관점에서 바라보면 두 가지 요인이 발견된다.

첫째는 '금Gold'이다. 인간의 자연스러운 행위라고 할 수 있는데, '새로운 부'를 찾으려는 목적인 것이다. 1300년경에 발행된 마르코 폴로의《동방견문록》에 나오는 "동방에는 '지팡구'라는 금으로 뒤덮인 섬나라가 있다."라는 내용은 당시 사람들의 꿈을 자극했다.

둘째는 향료이다. 당시의 유럽에서는 육식이 늘어났는데, 고기를 보존하는 일이 문제로 떠올랐다. 의외라고 생각할지도 모르지만, 당시의 가축은 1년만 이용할 생각으로 키우는 생물이었다. 농작물의 수확량이 아직 충분치 않았던 당시는 겨울이 되어 목초가 시들면 가축에게 먹일 것이 없었기 때문이다. 그래서 좋든 싫든 가을이 되면 가축을 죽여서 고기로 만들어야 했던 것이다.

이렇게 가을에 손에 넣은 고기는 봄이 될 무렵에는 당연히 상한 냄새가 났고, 그런 고기를 먹으려면 냄새를 없애 주는 향신료가 필수였다. 그런데 유럽에서는 그런 향신료가 나오지 않았기 때문에, 후추 등의 향신료는 같은 무게의 금과 교환될 만큼 귀중했다고 한다. 향신료를 비롯한 아시아의 상품은 지중해의 동쪽 절반을 차지한 오스만제국을 경유해서 수입되었는데, 그 중간 마진 때문에 향신료의 가격이 급등한 것이다.

그런 이유에서 유럽 각국은 아시아 또는 아직 발견되지 않은 나라로 향하는 다른 항로를 찾아야 했다.

1438년에 건국된 남아메리카의 잉카제국은 불과 100년 후인 1533년에 스페인의 정복자 프란시스코 피사로(1470년경~1541)에게 멸망했다. 그런데 잉카제국을 정복한 피사로의 병력은 불과 180명, 말 27마리뿐이었다.

· 천연두가 잉카제국을 멸망시켰다

어떻게 그 정도의 병력으로 잉카제국을 멸망시킬 수 있었을까? 그 이유는 피사로가 오기 전에 이미 잉카제국이 약해져 있었기 때문으로, 그 원인은 '천연두의 유행'과 '내전'이었다.

스페인 사람들이 남아메리카의 콜롬비아에 가져온 천연두가 순식간

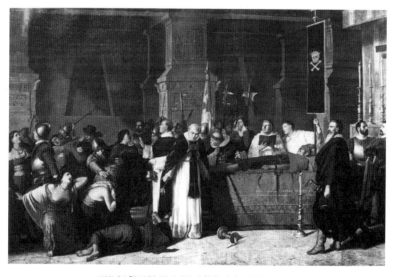

1533년 8월 29일, 잉카제국의 황제 아타우알파의 장례식

에 제국 전역으로 퍼진 결과, 불과 수년 만에 인구의 60~90%가 사망한 것으로 생각된다. 이것을 인구수로 환산하면 960만~1440만 명으로, 이렇게 보면 피해 규모가 얼마나 컸는지 실감이 될 것이다. 그리고 에드워드 제너가 천연두 백신을 발견한 것이 얼마나 위대한 업적인지도 알 수 있다.

잉카제국의 황제 아타우알파(1502년경~1533)를 사로잡은 피사로는 황제를 작은 방에 설치한 기둥에 묶고 "이 방을 황제의 머리 높이까지 채울 만큼의 금과 은을 바친다면 황제를 풀어 주겠다."라고 말했다고 한다. 잉카인들은 이 약속을 믿고 잉카 전역의 금과 은을 가져와 방을 채웠지만, 피사로는 약속을 지키지 않았다.

· 잉카제국에는 백금을 녹이는 기술이 있었을까?

피사로는 이 금과 은을 싣고 본국인 스페인으로 의기양양하게 돌아갔다. 그리고 스페인에서 귀금속을 분류하는데, 본 적이 없는 흰 금속 제품이 섞여 있었다. 그것은 은보다 두 배는 무거웠고, 가열해도 녹지 않아서 새로 가공할 수도 없었다. 그래서 '쓸모없는 고철'로 생각해 폐기했다고 하는데, 훗날 이 고철이 사실은 백금이었음이 알려졌다. 은이 밀도 $10.5g/cm^3$, 녹는점 962℃인 데 비해 백금은 밀도 $21.5g/cm^3$, 녹는점 1,768℃이다. 당시의 스페인에는 백금을 녹일 정도의 고온을 만들어 내는 기술이 없었던 것이다.

그렇다면 잉카제국에는 그런 고도의 기술이 있었을까? 사실은 그것도 아닌 듯하다. 그 백금 제품은 오늘날의 용어로 말하면 '분말야금', 즉 백금을 줄로 갈아서 가루로 만든 다음 그것을 틀에 넣어 굽는 방법 혹은 덩어리를 불에 달구어 두들겨서 늘이는 단금 기법을 사용해서 만든 것으로 생각된다.

역시 백금을 사용해서 만든 고대의 제품으로는 기원전 7세기경에 고대 이집트에서 만든 귀여운 장식함이 있다. 이 상자의 한 면에는 금에 백금이 모자이크되어 있는데, 이것 역시 잉카제국과 같은 기술로 만들어졌다고 여겨진다.

4-2 산업혁명은 제2의 에너지혁명이었다

18세기 중반에 영국에서 시작되어 유럽뿐만 아니라 전 세계로 확산한 산업혁명은 석탄의 에너지를 이용해 기계를 움직임으로써 모든 생산 활동을 빠르고 강력하게 만들었다.

두 번째 에너지혁명

산업혁명은 '에너지혁명'의 측면도 지니고 있다.

제1차 에너지혁명은 인류가 불을 발견하고 이용하게 된 것이다. 그때까지 인류가 이용한 에너지는 태양, 풍력, 수력 등의 자연 에너지였다. 고고학 연구에 따르면, 구석기시대에 호모에렉투스가 살던 무렵에는 인류가 불을 피우거나 보존할 수 있었다고 한다.

제2차 에너지혁명은 인류가 증기와 화석연료의 에너지를 이용하게 된 것이다. 다시 말해 '산업혁명'이다. 18세기에 석탄을 이용하는 증기기관이 발명되자 자연 에너지만을 사용했던 기존의 수작업 사회는 급변하게 되었다.

이 에너지혁명이 영국에서 일어난 데에는 여러 배경이 있었다. 그중 하나를 들자면, 영국은 유럽의 어떤 나라보다도 삼림이 적었다. 그래서 영국의 제철업자들은 에너지원인 동시에 산화철의 환원제이기도 한 목탄을 찾아 전국을 돌아다녔는데, 16세기가 되자 결국 연료가 부족해지면서 목재의 가격이 상승하기 시작했다. 그래서 다른 나라보다 진지하게 다른 에너지원을 모색할 필요성이 있었던 것이다. 그리고 이때 주목한 것이 바로 '석탄'이었다.

화력이 강한 에너지원, 석탄

석탄이나 석유의 존재 자체는 고대 그리스부터 알려져 있었다. 그러나 석탄의 채굴은 위험한 일이었고 석탄의 화력이 지나치게 강했던 탓에 적극적으로 이용되는 일은 없었는데, 목탄이 부족해지자 어쩔 수 없이 목탄에서 석탄으로 전환한 것이다.

영국에서는 16세기 중반부터 석탄을 연료로 사용해 벽돌과 소금, 비누 등을 만들고 있었던 까닭에 석탄의 사용에는 나름 익숙해져 있기도 했다. 이윽고 석탄을 사용하는 새로운 철 제조법이 개발되자 영국은 유럽 최대의 산업국으로 급성장했다.

수증기의 에너지, 전기에너지로

그 결정타는 제임스 와트(1736~1819)의 증기기관이었다. 와트는 기존에 있던 증기기관을 효율적으로 개량했고, 이를 통해 인류는 수증기의 에너지를 이용해 수레바퀴를 회전시키는 혁명적인 기술을 손에 넣은 것이다. 현재도 대부분의 기계가 '회전 에너지'를 동력으로 사용한다.

회전운동은 새로운 에너지를 만들어 냈다. 바로 전기에너지이다. 대부분 발전기의 터빈을 회전시킴으로써 전기를 만드는 방식으로, 풍력발전과 수력발전은 물론이고 화력발전과 원자력발전도 전부 같은 원리로 전기를 발생시킨다. 원자력발전 장치의 원자로는 수증기를 만드는 장치에 불과하다. 말하자면 '최신형 보일러'인 셈이다.

런던의 스모그 공해로 4,000여 명이 사망하다

영국의 석탄 이용은 심각한 공해를 만들어 냈다. 석탄에는 탄소C와 수소H뿐만 아니라 질소N나 황S도 포함되어 있다. 질소가 연소하면 다양한 종류의 질소산화물이 발생한다. 이것을 질소와 적당한 개수(x개)의 산소가 결합했다고 해서 NO_x라고 적으며, 녹스라고 읽는다. 황도 연소하면 역시 다양한 종류의 황산화물 SO_x(속스)가 된다.

NO_x는 물에 녹으면 질산HNO_3으로 대표되는 강산이 된다. SO_x도 황산H_2SO_4이나 아황산H_2SO_3 같은 강산이 된다.

영국의 기후는 습기가 많아서, 겨울이 되면 짙은 안개가 깔린다. 여기에 석탄을 태운 연기가 섞이면 강한 산성의 안개가 되는데, 사람들은 이것을 스모그(smoke+fog의 합성어)라고 불렀다. 스모그는 산업혁명이 시작된 뒤로 매년 영국, 특히 런던에 사는 사람들을 괴롭혔다. 특히 심했던 것은 1952년 12월에 런던에서 발생한 '런던 스모그 사건'이다. 이산화황SO_2이 잔뜩 포함된 짙은 스모그가 5일에 걸쳐 런던에 머문 결과, 사건 발생 후 첫 3주 동안 약 4,000명이 사망했다. 참고로 이해 겨울에 스모그로 사망한 사람의 수는 총 1만 2000여 명이었다고 한다.

4-2 산업혁명은 제2의 에너지혁명이었다

4-3 과학 시대의 막을 연 《프린키피아》

낡은 연금술에 얽매여 있으면서도 르네상스 이후의 새로운 시대를 개척한 인물로 아이작 뉴턴(1643~1727)을 들 수 있다. 그런 뉴턴이 쓴 명저 《프린키피아》에 관해 잠시 언급하고 넘어가겠다.

뉴턴은 영국에서 태어난 위대한 연구자로 알려져 있지만, 동시에 학구열이 매우 강한 인물이기도 했다. 그는 이전의 연구자들이 밝혀낸 자연과학의 성과를 책 한 권에 정리해 인류의 역사에 남을 위대한 책으로 완성했다.

그런 의미에서 바라보면 뉴턴은 이전의 수많은 지식이 흘러 들어오고 이후의 연구가 흘러 나가는 댐 같은 인물이었다고도 할 수 있을 것이다.

뉴턴이 쓴 이 책은 《프린키피아(자연철학의 수학적 원리)》라고 불린다.

《프린키피아》의 의의

1687년에 출간된 《프린키피아》는 갈릴레오 갈릴레이(1564~1642)와 크리스티안 하위헌스(1629~1695)가 이룬 역학의 수많은 성과는 물론이고 니콜라우스 코페르니쿠스(1473~1543), 튀코 브라헤(1546~1601), 요하네스 케플러(1571~1630) 등이 이룬 천문학의 수많은 업적을 체계화해

하나로 정리한 책이다. 이들 이론을 통해 뉴턴은 알베르트 아인슈타인 (1879~1955) 이후의 현재에도 상식으로 여겨지는 역학적 우주관을 부동의 지위로 끌어올렸다.

《프린키피아》는 과학의 역사는 물론 인류 문명의 역사에서도 혁명적인 의의를 지닐 만큼 커다란 영향을 끼쳤다.

《프린키피아》의 내용

이 책은 3권으로 구성되어 있다.

제1권은 몇 가지 정의로 시작된다. 뉴턴은 질량, 운동량, 정지력으로서의 관성, 외력, 구심력 등을 간결하고 논리적으로 명쾌하게 정의했다. 그리고 이 개념들에 입각해 유명한 세 가지 법칙, 일명 '뉴턴의 운동 법칙'을 제시했다.

뉴턴의 운동 법칙의 '제1법칙'은 관성의 법칙으로, 밖에서부터 힘을 받지 않으면 물체는 '정지 또는 등속운동 상태를 계속한다'는 법칙이다.

'제2법칙'은 가속도의

뉴턴의 《프린키피아》

법칙으로, 운동하는 물체의 가속도는 힘이 작용하는 방향으로 일어나며, 그 힘의 크기에 비례한다는 것이다.

'제3법칙'은 작용 반작용의 법칙으로, 두 물체가 서로에게 미치는 힘, 즉 '작용과 반작용'은 크기가 같고 방향이 반대라는 것이다.

제2권에서는 유체역학을 논했으며, 르네 데카르트(1596~1650)의 소용돌이 우주론을 철저히 배제했다.

제3권에는 뉴턴의 최대 업적인 '만유인력'에 대한 내용이 등장한다. 여기에서 뉴턴은 두 물체는 어떤 힘으로 서로를 잡아당기며, 그 힘은 그 물체의 질량에 비례하고 두 물체 사이의 거리의 제곱에 반비례한다는 것을 증명했다.

그런데 뉴턴은 이와 같은 위업을 남긴 반면에 연금술이라는 낡은 틀을 벗어던지지 못한 인물이기도 했다.

4-4 한 번 앓으면 두 번 다시 앓지 않는다?

- 백신의 탄생

대항해시대는 병마와 싸우기 위한 무기, 즉 의약품의 개발에 관해서도 커다란 진전이 있었던 시기이다.

우두를 앓았던 사람은 천연두에 걸리지 않는다

앞에서도 잠시 언급했듯이, 천연두는 감염력이 강하고 사망률이 매우 높을 뿐만 아니라 운 좋게 낫더라도 대부분 얼굴에 흉터(마맛자국)가 남는 매우 무서운 바이러스성 질병이다.

그런데 천연두를 한 번 앓으면 두 번 다시 앓지 않는다는 사실도 경험을 통해 알려져 있었다. 그래서 사람들은 예방을 위해 천연두에 걸린 환자의 고름을 피부에 바르기도 했다. 그러나 이것은 매우 위험한 행위로, 자칫하면 온몸에 마맛자국이 퍼지며 사망할 수도 있는 목숨을 건 예방법이었다.

영국의 시골에서 의사로 일하던 에드워드 제너는 마맛자국이 있는 여성이 시골보다 도시에 더 많다는 사실을 깨달았다. 또 우유를 짜는 여성에게서 "우두를 앓았던 사람은 천연두에 걸리지 않는다."라는 이야기도 들었다. 그래서 우두(천연두에 비하면 사망률이 낮은 병)를 앓은 적이 있

그림 4-4-1 ● 우유 짜는 여성의 우두의 성장을 검사하는 의사

는 19명에게 천연두 환자의 고름을 발라 봤는데, 놀랍게도 다들 손의 피부가 붉어졌을 뿐 천연두에 걸리지 않았다.

백신의 탄생은 '우연'이었다?

이 결과에서 자신감을 얻은 제너는 1796년, 우유를 짜는 여성의 손에 생긴 우두 병변으로부터 채취한 고름을 8세 소년의 팔에 접종했다. 그러자 그 후 소년은 일주일 동안 미열을 앓기는 했지만 열은 금방 내렸다. 그래서 6주 후에 이번에는 천연두 고름을 접종했는데, 소년은 천연두에 걸리지 않았다. 이것이 백신의 시작이다. 이 백신 덕분에 천연두로 인한 사망자는 크게 감소했고, 종두법은 순식간에 퍼져 나갔다.

다만 그 후의 조사를 통해 진짜 우두바이러스에는 천연두 바이러스에 대한 항체를 만드는 능력이 없다는 사실이 밝혀졌다. 그래서 제너가 사용한 우두 병변에 우두 이외의 동물 천연두 바이러스, 아마도 말의 천연두 바이러스가 우연히 섞여 있었던 것이 아닐까 추측되고 있다.

그러나 그 우연이 천연두로부터 인류를 구하는 계기를 만들었고, 이후 백신이 속속 개발되어 갔다.

의료용 화학약품(아스피린 등)의 개발

인간을 번뇌로부터 구원해 주는 부처인 관음보살은 여러 가지 모습으로 나타나는데, 그중 하나로 '양류관음'이라는 모습이 있다. 작은 버들가지를 들고 있는 모습이다.

버드나무의 껍질이 통풍이나 신경통에 효과가 있다는 사실은 고대 그리스에서부터 알려져 있었다. 고대 그리스의 의사였던 히포크라테스도 버드나무의 껍질을 진통·해열에 사용했다고 한다. 일본에도 치통이 있을 때 버드나무의 작은 가지를 무는 치료법이 있었으며, 작은 가지의 밑동 부분을 으깨서 칫솔로 사용했다고 한다.

1763년, 영국의 신부인 에드워드 스톤(1702~1768)은 버드나무 껍질 가루가 오한, 발열, 부기 등에 강력한 효과가 있음을 발견했다. 그리고 1828년에는 독일의 요한 부흐너(1783~1852)가 버드나무 껍질에서 노란색 물질을 추출하고, 살리신이라고 이름 붙였다. 살리신은 버드나무의 학명인 살릭스에서 유래한 명칭이다.

살리신은 본체의 분자에 포도당이 결합한 배당체로, 쓴맛이 매우 강했다. 그래서 화학반응을 통해 분해함으로써 포도당을 제거하려고 했는데, 1838년에 그 과정에서 본체가 산화되어 살리실산이 되어 버렸다. 살리실산은 쓴맛이 강한 데다가 산성이 매우 강한 탓에 먹었을 때 위에 구멍이 뚫리기까지 했다. 그래서 살리실산의 산성의 원인이 되는 하이드록실기(−OH)를 차폐하기 위해 아세트산과 반응시킴으로써 부작용이 적은 아세틸살리실산을 만들어 냈다.

이것을 1899년에 바이엘사가 상품화해서 발매한 것이 바로 아스피린이다. 아스피린은 시장에서 압도적인 지지를 받아, 발매한 지 120년이 지난 지금도 미국에서만 연간 1만 6000톤, 자그만치 200억 정이 소비되고 있다고 한다.

살리실산은 아스피린 이외에도 다양한 약에 사용된다. 본체는 식품의 방부제나 발바닥에 생기는 티눈을 제거하는 용도로도 사용된다. 또 메탄올과 반응한 살리실산메틸은 근육의 소염진통제로 사용되며, 아미노기(−NH₂)를 도입한 파스PAS라는 약은 결핵 치료제로 사용된다.

── 그림 4-4-2 ● 아스피린의 동족약 ──

4-5 선진적이었던 하나오카 세이슈의 전신마취

- 일본의 의료 혁명

제너가 백신을 개발했을 무렵, 일본은 한창 쇄국 중이었기 때문에 다른 나라의 사정을 잘 알지 못했다. 그러나 외국의 정보가 들어오는 통로가 전혀 없었던 것은 아니다. 외국과의 교역이 허용되었던 나가사키의 데지마 등을 통해서 어느 정도의 정보는 들어오고 있었다. 그런 정보를 바탕으로, 혹은 독자적인 생각으로 세계와 어깨를 나란히 할 수 있는 화학적 성과를 올리기도 했다.

이 장의 마지막으로, 쇄국정책을 버리고 개국을 향해 나아가던 일본의 이야기를 소개하겠다.

히라가 겐나이의 에레키테루

정전기 발생기를 뜻하는 에레키테루는 네덜란드에서 발명되어 궁정에서 구경거리 또는 의료 기구로 사용되고 있었다. 일본에 유입된 시기는 에도시대인 1751년경으로, 네덜란드인이 막부에 헌상했다는 문헌이 남아 있다.

나가사키에 머물고 있었던 난학자(에도시대에 서양의 학문과 문화를 연구하던 사람들을 가리키는 말-옮긴이) 히라가 겐나이(1728~1780)는 에

4-5 선진적이었던 하나오카 세이슈의 전신마취

112

레키테루가 소개된 《네덜란드 이야기》라는 책을 읽게 되었는데, 그 후 골동품 가게에서 파손된 에레키테루를 운 좋게 발견하고 에도로 가져와서 수리하는 데 성공했다.

에레키테루의 구조를 보면 나무 상자의 내부에 레이던병(축전병)이 들어 있어서, 상자 밖에 달려 있는 손잡이를 돌리면 내부에서 유리가 마찰하여 발생한 전기가 구리선을 타고 방전되는 방식이다. 겐나이는 전기가 발생하는 원리를 음양론이나 불교의 일원론 등을 통해 설명했으며, 전자기학에 관한 체계적 지식은 없었던 것으로 생각된다.

그 후 에레키테루는 일본에서도 구경거리나 의료 기구로 이용되었는데, 실용적이라기보다는 호기심을 유발하는 물건의 성격이 강했다. 또한

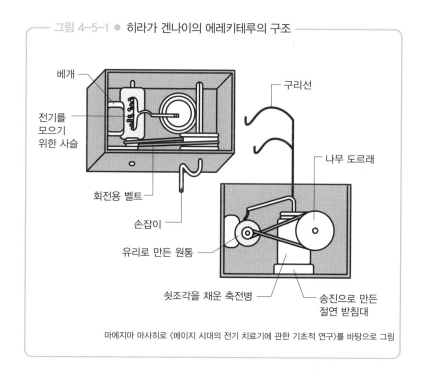

그림 4-5-1 ● 히라가 겐나이의 에레키테루의 구조

베개

전기를
모으기
위한 사슬

구리선

나무 도르래

회전용 벨트

손잡이

유리로 만든 원통

쇳조각을 채운 축전병

송진으로 만든
절연 받침대

마에지마 마사히로 〈메이지 시대의 전기 치료기에 관한 기초적 연구〉를 바탕으로 그림

간세이개혁으로 사치 금지와 출판 통제 등이 실시됨에 따라 전기에 관한 과학적 이해와 연구는 메이지유신이 이루어지기 전까지 답보 상태에 머물게 되었다.

하나오카 세이슈의 전신마취

텔레비전의 의학 드라마를 보면 반드시 수술 전에 마취를 하는 장면이 나온다. 만약 마취 없이 외과수술을 받게 된다면 필자는 아픔을 참기보다 죽음을 택할지도 모른다.

이 마취약이 개발된 시기는 근대에 들어와서이다. 그런데 가장 중요한 전신마취는 일본이 세계 최초로 실시했다. 전신마취를 발명한 사람은 에도시대의 기슈(현재의 와카야마현)에서 활동한 의사 하나오카 세이슈(1760~1835)이다. 그가 개발한 마취 방법은 흰독말풀 등 여러 종류의 약초를 배합한 '통선산' 혹은 '마비산'이라는 이름의 마취약을 마시도록 하는 것이었다.

흰독말풀에는 강한 정신착란 작용이 있어서, 3세기경의 중국에서도 마취약으로 사용되고 있었다고 한다. 그러나 구체적인 배합이나 사용법에 관한 기록은 전혀 남아 있지 않았다. 세이슈는 무려 20년이라는 세월에 걸쳐 흰독말풀에 여러 종류의 약초를 첨가해 보면서 동물실험뿐만 아니라 어머니와 아내의 도움으로 인체 실험을 반복한 끝에 통선산을 개발했다. 그리고 1804년에 통선산으로 전신마취를 실시한 상태에서 외과수술을 성공시켰다. 윌리엄 모턴(1819~1868)이 유럽에서 근대 마취의 기원으로 여겨지는 에테르 마취를 통한 수술의 공개 실험에 성공한 때가 1846년이니, 세이슈의 업적은 그보다 40년이나 앞선 셈이다.

다만 세이슈의 전신마취는 지금처럼 필요할 때 즉시 마취 상태에 들어갈 수 있고 필요가 없어지면 곧바로 깨어나는 마취와는 달랐다. 통선산은 마시는 마취약이었기 때문에 마취에 들기까지 약 2시간, 수술을 시작할 수 있게 되기까지는 약 4시간이 필요했다. 또한 깨어나기까지는 6~8시간이 걸렸다. 현재의 마취와 비교하면 시간이 많이 필요했던 것이다. 그러나 수술에 동반되는 고통을 줄일 수 있었던 환자에게는 은총과도 같았을 것이다.

● 화학의 창 ●

큰 불상 때문에 공해가 발생했다?

일본에도 옛날부터 공해는 있었다. 앞에서 소개한 야마타노오로치 전설은 제철에 동반되는 공해였는데, 종교가 원인이 된 공해도 있었다. 바로 나라의 큰 불상이다. 나라시대의 왕인 쇼무는 세상이 평화롭고 행복해지기를 바라는 마음에서 큰 불상을 세우기로 마음먹었다(752년).

불상의 소재는 청동으로, 현재의 색은 검은색이다. 그런데 완성 당시에는 금색으로 찬란하게 빛났다고 한다. 전체를 금으로 도금한 것이다. 전기가 없었던 당시에 어떻게 금도금을 했을까?

전기가 없어도 도금은 가능하다. 화학도금을 하는 것이다. 금은 수은에 쉽게 녹아서 걸쭉한 아말감(수은 합금)이 된다. 이 걸쭉한 아말감을 불상에 칠한다. 그런 다음 불상의 내부에 들어가서 청동에 숯불을 대 뜨겁게 가열한다. 수은의 끓는점은 357℃이기에 수은은 기화해서 날아가고 금만 남게 되며, 이것을 연마하면 금도금이 완성된다.

이 도금 작업에는 금 9톤과 수은 50톤이 사용되었다고 하는데, 문제는 기화한 수은이다. 나라 분지는 수은 증기로 거의 질식 상태가 되지 않았을까? 또한 대부분은 빗물에 녹아서 지하수가 되었을 것이며, 사람들은 우물에서 그 지하수를 길어다 마셨을 것이다. 이렇게 생각하면 심각한 수은 공해가 일어났을 것이다. 그래서 당시 화려함의 극치를 달렸던 수도 헤이조쿄에서 불과 74년 만에 나가오카쿄로 천도한 원인 중 하나가 수은 공해였다는 이야기도 있다.

법칙·정리가
폭발적으로 탄생한
'화학의 시대'

5-1 '정량적' 화학의 시대를 불러온 측정도구

– 정성과 정량

관념적인 과학에서 실험적인 과학으로

고대의 과학은 우주론이나 물질론에서도 알 수 있듯이 '관념적인 과학'이었다고 봐도 무방할 것이다. 고대인들도 공상을 했으며, 그들의 사고 능력은 현대의 우리와 비교해도 밀리지 않는 수준이었던 것으로 생각된다.

다만 그 생각을 확인하려 하는 의지와 힘, 도구가 없었다. 자신이 알고 있는 지식과 세계의 범위 안에서 모순이 없다면 그것으로 이론이 완성되었다고 생각했을 것이다. 가령 고대 그리스인이 생각했던 '흙, 물, 공기, 불'이라는 네 가지 원소가 순환하며 세상을 만든다는 4원소설은 분명히 매우 매력적인 발상이다. 그러나 안타깝게도 실제 세계와는 거리가 먼 생각이라고밖에 할 말이 없다.

중세가 되자 과학의 중심은 '유럽에서 이슬람 세계로' 이동했다. 그리고 이슬람 사회에서 연금술이 활성화되자 과학의 세계에 큰 변화가 일어났다. 관념론의 한구석에 구체적인 '물질'이 등장한 것이다. 연금술사 등 당시의 과학자들은 실제로 각종 물질을 이리저리 만지고 조작하고 변화시키면서 그 모습을 자세히 관찰했고, 이 과정에서 실험적인 화학이 탄생했다.

정성과 정량은 어떻게 다를까?

일반적으로 실험에는 정성적인 방법과 정량적인 방법이 있다. 정성적인 방법은 '물질의 성분이나 성질'을 문제로 삼는다. 한편 정량적인 방법은 '양을 헤아려 정하는 것'을 문제로 삼는다.

가령 $2H_2 + O_2 \rightarrow 2H_2O$라는 반응을 정성적으로 표현하면,

• 수소와 산소가 반응해서 물(수증기)이 생겼다.

정성적으로 다룰 때는 반응을 주의 깊게 관찰하며, 겉모습의 변화를 기술한다.

반면, 이를 정량적으로 표현하면,

• 수소 2mol과 산소 1mol이 반응해 수증기 2mol이 생겼다.

• 수소 2L와 산소 1L가 반응해 수증기 2L가 생겼다.

• 수소 4g(2mol에 해당)과 산소 32g(1mol에 해당)이 반응해 물 36g(수증기 2mol에 해당)이 생겼다.

이렇듯 양으로써 여러 가지로 표현할 수 있다.

─── 그림 5-1-1 ● 두 가지 분석 방법 ───

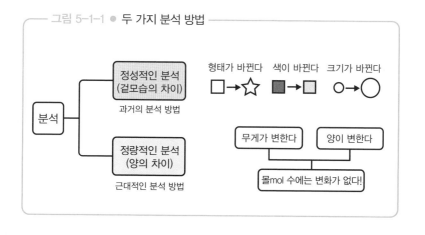

'측정도구'의 등장이 화학을 바꿔 놓았다!

정량적 취급을 하려고 하면,

반응 전의 물질(반응계)의 양(질량이나 부피)

→ 반응 후의 물질(생성계)의 양

위와 같이 '양'을 측정해야 한다. '양'을 측정하기 위해서는 어느 정도 정확한 저울이나 그릇, 메스실린더 등 화학에서 사용하는 '측정도구'가 필요하다. 현대 화학에서는 이러한 측정도구를 사용하는 것이 상식이지만, 이런 장치가 탄생하기 전까지는 정량적인 관측과 실험을 하고 싶어도 할 방법이 없었다.

실제로 이런 도구들이 사용되기 시작한 시기는 근대에 들어와서도 상당히 시간이 지난 뒤로, 그전까지의 화학은 오로지 정성적인 방법으로만 진행되어 왔다고 할 수 있다. 그리고 정량적인 계측이 함께 진행된 결과 화학은 뒤에서 살펴보듯이 연달아 혁명적인 발견을 하며 크게 비약하게 된다.

── 그림 5-1-2 ● 다양한 측정도구가 '정량적 분석'을 뒷받침했다 ──

정량적 분석 방법의 성과

화학에 정량적인 분석 방법이 도입되자 정성적인 분석 방법으로는 알수 없었던 '반응의 진짜 모습'이 드러나기 시작했다. 애초에 정성적인 방법으로는 반응식의 계수, 즉 '$2H_2$'나 '$2H_2O$'의 2를 볼 수가 없다. 이 말은 원자의 개수가 보이지 않는다, 즉 원자가 보이지 않는다는 뜻이다. 보이는 것은 오로지 '개념으로서의 수소', '개념으로서의 산소', '개념으로서의 물'뿐이었다.

근대 전기까지의 화학이 원자가 아니라 '원소'를 전제로 삼았던 이유는 이런 근본적인 문제가 있었기 때문이다.

그러나 정량적인 분석 방법이 도입되자 원자가 모습을 드러내기 시작했다. 반응하는 원자의 개수의 비에 관한 몇 가지 법칙을 통해서 모습을 드러낸 것이다.

5-2 라부아지에의 질량 보존의 법칙

– 정량화가 불러온 성과

질량 보존의 법칙(라부아지에)

정량화가 화학을 크게 비약시킨 첫 번째 사례는 아마도 '질량 보존의 법칙'일 것이다. 이 법칙은 1774년에 프랑스의 화학자인 앙투안 라부아지에(1743~1794)가 발표한 것이다.

> **– 질량 보존의 법칙(라부아지에) –**
> 화학반응이 일어나기 전과 일어난 후에 물질의 질량은 언제나 같다.

질량 보존의 법칙은 아인슈타인의 상대성 이론에 필적하는 화학의 대법칙이다. 현재는 상대성이론의 '질량 에너지 등가 원리'를 반영해 '질량 에너지 보존의 법칙'으로 부르기도 한다.

라부아지에가 살았던 시대의 사람들은 연소란 일종의 분해 현상이며, 연소하는 물질

라부아지에

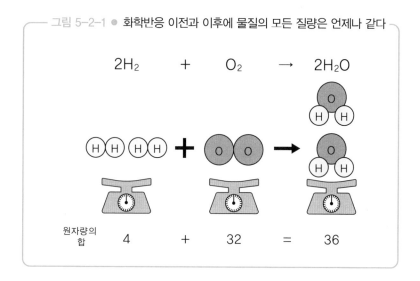

── 그림 5-2-1 ● 화학반응 이전과 이후에 물질의 모든 질량은 언제나 같다

$$2H_2 \quad + \quad O_2 \quad \rightarrow \quad 2H_2O$$

원자량의
합

| 4 | + | 32 | = | 36 |

속에 들어 있던 플로지스톤(열소)이 빠져나와 열이나 불꽃이 된다고 생
각했다. 그런데 정량적으로 생각하면 이 생각에는 중대한 문제점이 있었
다. 일반적으로 식물 등이 불에 타면 남은 재는 가벼워진다. 그런데 금속
이 불에 타면 남은 재(금속 재)는 무거워진다. 이 모순을 어떻게 설명할
것인가가 문제였던 것이다. 연소를 통해 플로지스톤이 날아가 버렸다면
남은 재는 가벼워져야 정상이다. 그런데 대체 왜 연소된 결과 남은 재가
무거워질까?

그래서 라부아지에는 '연소 후에 생성물의 무게가 늘어나는 현상'을
연구하기 위해 인을 사용한 연소 실험을 실시했고, 연소 후에 무게가 늘
어나는 원인은 연소될 때 공기를 흡수하기 때문이라고 생각하게 되었다.

그 후 라부아지에는 산화수은을 높은 온도로 가열해 산소를 얻는 실
험을 반복한 결과 연소 후에 늘어난 무게가 결합하는 산소의 양과 일치
함을 확인하고 기존의 플로지스톤설을 부정했다.

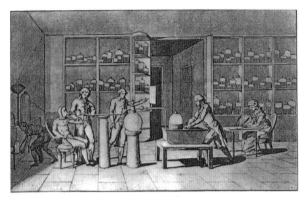
연소 실험을 하는 라부아지에

프랑스혁명의 희생자가 된 라부아지에

라부아지에는 유복했지만 자신의 재산을 써서 실험 기구를 사지는 않았다고 하며, 당시의 시민들에게 증오의 대상이었던 징세청부업자라는 일을 해서 돈을 벌었다. 또한 이후에는 화약을 보관하고 관리하는 병기창의 화약국장이 되어 높은 급여를 받았을 뿐만 아니라, 그곳에 훌륭한 실험실을 만들고 실험을 즐겼다. 라부아지에게 실험은 취미 생활이었던 것이다. 그는 일주일에 하루는 실험에 몰두했으며, 그 하루를 '축복의 하루'라고 불렀다고 한다.

이윽고 1789년 프랑스혁명이 일어나자 징세청부업자로 일했던 라부아지에는 투옥되었고, 1794년 5월 8일에 혁명재판소에서 사형 판결을 받아 단두대에서 처형되고 말았다.

수학자이자 천문학자인 조제프 루이 라그랑주(1736~1813)는 "그의 머리를 자르는 데는 1초밖에 걸리지 않았지만, 그와 똑같은 머리(두뇌)를 만들려면 100년이 걸릴 것이다."라며 그의 재능을 아까워했다고 한다.

5-3 프루스트의 일정 성분비 법칙

- 질량비는 일정하다

일정 성분비 법칙이란?

라부아지에의 질량 보존의 법칙에 이은 중대한 발견으로 '일정 성분비 법칙'이 있다.

- 일정 성분비 법칙(프루스트) -
한 종류의 화합물을 구성하는 원소의 질량비는 언제나 일정하다.

일정 성분비 법칙은 1799년에 라부아지에와 마찬가지로 프랑스의 화학자인 조제프 루이 프루스트(1754~1826)가 발견했다.

프루스트가 연구를 했던 때는 프랑스혁명이 한창이었던 시기로, 이 때문에 그는 혁명의 혼란을 피해 스페인에서 연구를 한 적도 있었다.

프루스트에 따르면, 예를 들어 물H_2O을 구성하는 수소와 산소의 질량비는 항상 1:8이라고 한다.

그림 5-3-1 ● 화합물을 구성하는 원소의 질량비는 항상 일정하다

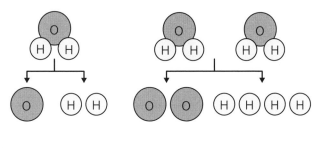

원자량의 합 16 : 2   32 : 4

산소 : 수소 = 8 : 1

격렬한 저항에 부딪혔던 프루스트

현대 화학을 교육받아 원자와 분자의 개념이 몸에 배어 있는 우리로서는 이 법칙이 너무나 당연하게 생각될지도 모른다. 그러나 당시의 학자들 중에는 프루스트의 제안에 크게 반발한 사람이 많았다. 그들은 광물의 조성 등을 예로 들며, "화합물을 구성하는 성분 원소의 비는 광물의 산지나 제조법에 따라 변화한다."라고 반발했다.

당시는 아직 '혼합물'과 '화합물'의 차이

프루스트

가 명확히 구별되지 않았다. 또한 예를 들어 같은 산화철이라도 FeO가 있는가 하면 Fe_2O_3이나 Fe_3O_4도 있다는 사실 또한 반대자들에게 유리하게 작용했다.

이와 같은 반발에 대해 프루스트는 탄산구리$CuCO_3$가 광물인 공작석에서 얻은 것이든 실험실에서 합성한 것이든 모두 같은 조성(어떤 물질을 구성하는 원소의 질량비, 즉 시성식으로 나타낼 수 있다)을 지닌다는 사실 등을 예로 들면서 반론을 펼쳤다.

5-4 돌턴의 배수 비례의 법칙과 원자설

- 간단한 정수비

배수 비례의 법칙이란?

세 번째 법칙은 영국에서 발견된 '배수 비례의 법칙'이다.

- 배수 비례의 법칙(돌턴) -

두 가지 원소가 결합하여 두 종류 이상의 화합물을 이룰 때, 일정량의 한 원소와 결합하는 다른 원소의 질량은 간단한 정수비를 이룬다.

배수 비례의 법칙은 1803년에 영국의 화학자이자 물리학자인 존 돌턴 (1766~1844)이 발견했다.

가령 탄소와 산소로 구성된 두 화합물인 일산화탄소CO와 이산화탄소 CO_2를 생각해 보자(그림 5-4-1). 일산화탄소 28g과 이산화탄소 44g에 들어 있는 탄소의 양은 양쪽 모두 12g으로 같다. 따라서 일산화탄소 28g 속에는 산소 16g이 들어 있으며, 이산화탄소 44g 속에는 산소 32g이 들어 있다는 계산이 나온다.

이것은 같은 양의 탄소를 포함하는 일산화탄소와 이산화탄소에 들어 있는 산소의 질량은 1:2라는 정수비로 표현됨을 의미한다.

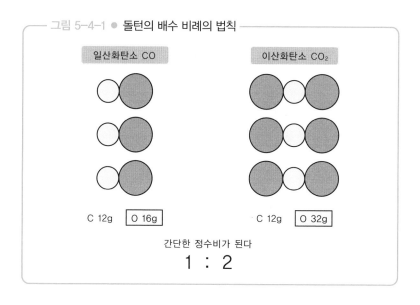

그림 5-4-1 ● 돌턴의 배수 비례의 법칙

일산화탄소 CO

이산화탄소 CO₂

C 12g   O 16g

C 12g   O 32g

간단한 정수비가 된다

1 : 2

돌턴의 연구 중에서도 가장 중요하게 여겨지는 것은 원자설이다. 돌턴은 왜 배수 비례의 법칙이 성립하는지를 생각하는 과정에서 이 생각에 도달했다고 알려져 있다.

- 원자설(돌턴) -

원소는 고유한 질량을 갖는 원자로 되어 있으며, 화합물은 원자의 결합으로 이루어진다.

그는 액체의 기체 흡수에 관한 논문에서 다음과 같이 말했다.

"왜 물이 흡수하는 기체의 양은 기체의 종류에 따라 다를까? 나는 당연히 이 의문에 대해 고찰했고, 완전히 이해한 것은 아니지만 기체를 구성하는 궁극의 입자의 수와 질량에 의존하는 것이 아니냐는 거의 확신에 가까운 생각을 하게 되었다."

— 그림 5-4-2 ● 돌턴이 생각한 원소 기호와 화합물(분자) —

수소 질소 탄소 산소 인 황

화합물의 예

나트륨 칼슘 칼륨 철 아연

물

구리 납 은 금 백금 수은

일산화탄소

돌턴의 불행

돌턴은 배수 비례의 법칙을 제창하기 전부터 과학계에서 유명한 존재였다. 그래서 영국왕립연구소의 자연철학 강사로 활동했는데, 발음이 불분명하고 요령 있게 설명하지 못했던 까닭에 강사로서는 그다지 평가가 좋지 못했다고 한다.

게다가 돌턴은 화학자로서 커다란 핸디캡을 안고 있었다. 선천성 색각이상이었던 것이다. 본인도 그 점을 강하게 의식해서,

"다른 사람이 '빨간색'이라고 부르는 색이 내게는 그저 조금 밝은 그림자로밖에 보이지 않는다. 오렌지색, 노란색, 녹색은 각기 다른 밝기의

노란색으로 보일 뿐이다."
라고 말했다는 이야기가 전해
진다.

보존되어 있는 돌턴의 안구
조직을 1995년에 조사한 결과,
그의 색각이상은 중파장의 빛
에 감응하는 원추세포가 활동
하지 않는 것이 원인인 것으로
판명되었다.

돌턴

5-5 게이뤼삭의 기체 반응의 법칙

– 화합물의 반응

기체 반응의 법칙(게이뤼삭)

1805년, 프랑스의 화학자인 조제프 루이 게이뤼삭(1778~1850)은 '기체 반응의 법칙'을 발표했다. 이것은 두 종류 이상의 기체가 관여하는 화학반응에서 성립하는 법칙으로, 내용은 다음과 같다.

– 기체 반응의 법칙(게이뤼삭) –

화학반응이 기체 사이에서 일어날 때 같은 온도와 같은 압력에서 반응하는 기체와 생성되는 기체의 부피 사이에는 간단한 정수비가 성립한다.

이것만 봐서는 금방 이해가 안 될 테니, 이해하기 쉽도록 예를 들어 보겠다. 가령 앞에서 살펴봤던 반응인,

$$2H_2 + O_2 \rightarrow 2H_2O$$

는 수소 2부피와 산소 1부피가 반응해서 물 2부피를 만든다는 뜻이다. 요컨대 수소 : 산소 = 2 : 1로 간단한 정수비를 보인다.

그림 5-5-1 ● 기체의 부피는 '간단한 정수비'로 표시된다

$$2H_2 \quad + \quad O_2 \quad \rightarrow \quad 2H_2O$$

물질량[mol]	2	:	1	:	2
부피[L]	2	:	1	:	2

알코올의 농도와 관련해서도 이름을 남기다

게이뤼삭은 프랑스 중서부의 도시 리모주 근교에 있는 한 가정에서 자랐는데, 1794년에 아버지가 로베스피에르의 공포정치의 희생양이 되어 체포당하자 파리로 가서 에콜 폴리테크니크에 입학해 연구 생활을 시작했다.

그는 '기체의 부피와 온도의 관계'를 나타내는 샤를의 법칙을 발견한 사람 중 한 명이기도 하다. 또한 물속에 포함된 에탄올의 양을 정의했는데, 많은 나라에서 이를 따르고 있다.

여담이지만, 게이뤼삭이 아내를 만나게 된 계기는 당시 포목상에서 일하던 아내가 계산대 밑

게이뤼삭

에서 화학 교과서를 읽고 있는 모습 때문이었다는 흥미로운 이야기가 있다.

*　　　*　　　*

라부아지에, 프루스트, 돌턴, 게이뤼삭 등이 정량적인 관점으로 화학 반응을 들여다본 결과 '정량적인 실험과 법칙'이 하나둘 밝혀졌고, '1개, 2개, ……'로 셀 수 있는 '원자'와 '분자'가 화학자들 앞에 모습을 서서히 드러내기 시작했다.

근대적인 화학의 탄생이 가까워진 것이다.

5-6 잘 이해하기 어려운 '원자, 분자, 원소의 차이'

- 소박한 의문

화학에서 '분자'라는 말은 대부분 다음과 같이 설명되어 있다.

"'분자'는 물질의 고유한 성질을 나타내는 가장 작은 입자이다."

또한 '분자는 원자로 구성되어 있다.'라는 내용도 볼 수 있다.

그리고 화학 교과서에는 대체로 주기율표가 나오는데, 과거에는 100개 정도밖에 없었던 '원소'가 새로운 화학책의 경우 118개까지 나열되어 있을 것이다(확정된 원소의 수가 증가했기 때문에).

그렇다면 원자, 분자, 원소란 무엇일까? 그리고 각각의 차이는 어디에 있을까?

원자와 분자

원자와 분자의 관계는 명쾌하다. 원자는 물질이다. 물질은 유한한 질량과 유한한 부피를 가진 것을 뜻한다. 당연한 말이지만, '정신'은 질량도 부피도 없으므로 물질이 아니다.

① 고대 그리스의 원자론에서 말하는 '원자'란?

원자라고 하면 먼저 떠오르는 것은 고대 그리스의 원자론이다. 그들은 "모든 물질은 원자로 구성되어 있다."라고 주장했다. 그러나 '정성과 정량'에서 이야기했듯이, 그들은 어떤 실험(정량적인 실험)도 하지 않았다. 철학자들은 당시의 고등유민(고등실업자)답게 부잣집에 식객으로 머물면서 소파에 누워 이집트콩을 까먹고 와인을 홀짝이며 우아하게 상상의 날개를 펼칠 뿐이었다.

어느 날, 철학자로 유명한 소크라테스(기원전 470년경~기원전 399)가 집 근처에 젊은 제자들을 모아 놓고 이야기를 하고 있었다. 현실적인 인물로서 철학 같은 이해하기 어려운 이야기에 아무런 흥미가 없었던 아내 크산티페(악처로 유명하다)는 처음에 "여보, 적당히 하고 끝내면 안 돼?" 정도의 불평을 늘어놓았지만, 소크라테스는 이야기를 그만둘 기색이 없었다. 결국 인내심이 한계를 넘어선 크산티페는 양동이의 물을 소크라테스의 머리에 끼얹었는데, 소크라테스는 대철학자답게 조금도 당황하지 않고 "제군, 벼락이 친 다음에는 비가 내리는 법이라네."라고 말했다는

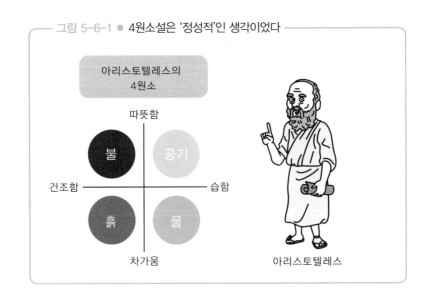

그림 5-6-1 ● 4원소설은 '정성적'인 생각이었다

아리스토텔레스의
4원소

따뜻함

불   공기

건조함 ———————— 습함

흙   물

차가움

아리스토텔레스

일화가 전해진다.

어쨌든, 고대 그리스의 원자론에 등장하는 원자는 실체가 없는 가상의 산물이었다. 물질의 성질에 더 가까웠던 것은 오히려 '흙, 물, 공기, 불'이 세상의 물질을 구성하고 있다는 4원소설 쪽이라고 할 수 있지 않을까?

② 분자에는 '성질'이 남아 있다

원자와 분자는 모두 '이 이상 나눌 수 없는 입자'이지만, '분자'라고 부르려면 한 가지 조건이 추가된다.

- 분자란? -
물질의 고유한 성질을 나타내는 가장 작은 입자

물 분자는 물의 성질을 지니고 있다. 설탕 분자에는 설탕의 성질이 남아 있다. 빵은, 이것은 혼합물이지 순수 물질이 아니다. 그러므로 '빵의 분자'라는 것은 없다.

엄밀히 말하면 분자는 더 분해할 수 있지만, 그 결과 나온 입자에는 물질의 성질이 남아 있지 않다. 그리고,

- 원자란? -
물질을 구성하는 기본 입자

이것이 '원자'이다.

물의 분자를 쪼개면 3개의 원자가 된다. 수소 원자 2개와 산소 원자 1개이다. 물 분자에는 물의 성질을 반영하는 다양한 성질이 있지만, 물 분자를 분해한 수소 원자와 산소 원자에는 물의 성질이 전혀 남아 있지 않다.

분자와 원자에는 이런 차이가 있다.

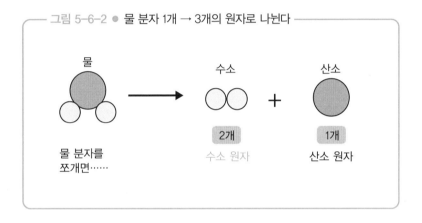

── 그림 5-6-2 ● 물 분자 1개 → 3개의 원자로 나뉜다 ──

원자와 원소의 차이는 무엇일까?

다만 더 이해하기 어려운 쪽은 원자와 분자의 차이점보다 '원자와 원소'의 차이점일 것이다. 물의 분자를 구성하는 입자 중 하나는 수소 원자이다. 그러나 주기율표에 나열되어 있는 것은 원자가 아니라 '원소'이다. 수소 원자나 수소 원소를 의미하는 기호 H는 화학에서는 '원소 기호'라고 한다. '원자 기호'라고 부르고 싶지만 그렇게는 부르지 않는다. 그렇다면 원자와 원소의 차이점은 무엇일까?

'원자'라는 것은 입자를 1개, 2개로 셀 수 있는 입자로 보았을 경우의 이름이다. 그러므로 원자는 입자를 가리키는 물질명이다. 한편 '원소'는 같은 성질, 같은 반응성을 지닌 원자를 뭉뚱그려서 부를 경우의 총칭이다. 그래서 입자라는 구체적인 물질을 가리킬 경우에는 '원자'라고 부르고, 개념을 가리킬 경우에는 '원소'라고 부르는 것이다.

예를 들어 같은 한국인이라도 개개인을 가리킬 때는 '철수 씨, 영희 씨' 등으로 부른다. 이것이 '원자'에 해당한다. 그러나 '한국인' 전체를 뭉뚱그려서 생각할 경우에는 "한국인은……."과 같은 식으로 말하게 된다. 이것이 '원소'에 해당한다.

이 '원자'와 '원소'에 관해서는 뒤에서 방사성원소를 다룰 때 조금 더 구체적으로 이야기할 기회가 있을 것이다.

원소의 종류

이처럼 현대 화학에서는 원자와 원소를 분리해서 설명한다. 다시 한 번 말하지만, '원자는 물질의 명칭'이고 '원소는 개념의 명칭'이다. 그러나 이런 구별이 명확히 인식되기 시작한 때는 19세기에 들어와서이다. 그전에는 원자와 원소의 구별이 모호했다. 그래서 숯이 타는 이유는 숯의 원자(탄소)와 연소의 원자(플로지스톤)가 결합했기 때문이라는 황당무계한 설명이 나왔던 것이다.

20세기가 되어서 빛의 입자성과 파동성이 확립되기까지 "우주는 에테르라는 '원소'로 채워져 있다"라고 생각했던 것도 이와 비슷한 상황일지 모른다.

자연계에 존재하는 '원소의 종류가 90종류에 불과하다(현재는 118종)'

는 사실이 밝혀진 때는 19세기이다. 그러나 같은 시기에 퀴리 부부는 '원자의 종류는 수백 가지가 넘는다는 것'을 밝혀내려 했다.

그러면 이제 새로운 화학의 문을 열어 보자.

5-7 멘델레예프의 '빈칸'이라는 아이디어

- 주기율표의 발명

'주기율표'는 1869년에 러시아의 화학자이자 목사인 드미트리 멘델레예프(1834~1907)가 제안한 것으로, 원소의 이름표 같은 것이다. 이 표를 보면 어떤 원소가 어떤 성질을 보이고 어떤 반응성을 나타낼지 상당한 정확도로 예상할 수 있다. 화학에 없어서는 안 될 중요한 표인 것이다.

주기율표의 기본은 '비슷한 것'이 반복된다는 것

주기율표는 원소를 원자량이 작은 것부터 순서대로 나열한 표이다. 문제는 이 원자량의 순서대로 나열한 순열을 어디에서 다음 줄로 넘기느냐는 것이다. 가령 달력을 생각해 보자. 달력은 하루하루를 나열한 줄을 '7일'마다 다음 줄로 넘기고, 왼쪽부터 순서대로 일요일, 월요일, 화요일, ……, 토요일이라고 이름 붙였다. 그러자 일요일의 그룹에 속한 날은 그것이 3일이든 10일이든 다른 날이든 학교가 쉬는 행복한 날이 되었고, 반대로 월요일의 그룹에 속한 날은 학교가 시작되는 우울한 날이 되었다.

주기율표도 달력과 마찬가지이다. 주기율표는 원소를 원자량이 작은 것부터 순서대로 나열한 순열을 기본적으로 18개마다 다음 줄로 넘기고 세로 열을 왼쪽부터 순서대로 1족, 2족, 3족, ……, 18족으로 이름 붙인 표이다. 원소를 이렇게 정리하면 각각의 '족'에 속한 원소는 서로 비슷한 성질을 나타낸다.

원소의 주기성

또한 원소의 크기(원자 반지름)는 기본적으로 왼쪽에서 오른쪽으로 갈수록 작아진다. 그리고 다음 줄(주기)로 넘어가면 크기가 한층 커지며, 다시 오른쪽으로 갈수록 서서히 작아지는 주기성을 나타낸다. 크기 이외에도 이와 같은 주기성을 나타내는 성질이 발견되었다. 이처럼 원소의 성질을 간결하고 완성도 높게 나타낸 주기율표는 '화학의 바이블'로도 불린다.

현재 주기율표는 화학의 온갖 분야에서 반응의 분류나 체계화, 비교를 위한 틀을 제공하는 도구로서 널리 이용되고 있다. 그리고 화학뿐만 아니라 물리학, 생물학 등 자연과학 전체에서 수많은 법칙을 나타내는 표로 이용되고 있다.

그런 까닭에 주기율표가 발명된 뒤로 화학자들은 언제나 주기율표를 머릿속에 담아 두고 있다. 화학 초보자도 마찬가지로, 다른 것은 다 잊어버려도 주기율표만큼은 기억해야 한다.

주기율표 속에 '빈칸'을 만든다는 아이디어

오늘날과 같은 주기율표의 형태는 멘델레예프가 만든 것으로 되어 있고, 이것은 틀림없는 사실이다. 그러나 멘델레예프는 원소를 나열했을 뿐이며, 그 나열된 원소의 성질, 반응성을 열심히 조사한 것은 다른 화학자들이었다. 말하자면 주기율표는 역대 연금술사, 화학자, 물리학자, 기타 과학자 등 무수한 사람들이 참여한 지혜의 집대성인 것이다.

벤젠(정육각형 구조를 가진 무색의 휘발성 액체)의 육각형 구조를 해석

— 그림 5-7-1 ● 멘델레예프의 주기율표 —

THE PERIODICITY OF THE ELEMENTS

The Elements	Their Properties in the Free State			The Composition of the Hydrogen and Organo-metallic Compounds	Symbols and Atomic Weights		The Composition of the Saline Oxides	The Properties of the Saline Oxides			Small Periods or Series
	t	d	$\dfrac{A}{d}$	RH_m or $R(CH_3)_m$	R	A	R_2O_n	$d \cdot \dfrac{(2A + n/16)}{d^2}$ V			
	[1]	[2]	[3]	[5]	[6]		[7]	[8]	[9]	[10]	[11]
Hydrogen	<−200°	—	<(0·05>·20	$m = 1$	H	1	1 = n	0·917	19·6	<−20	[1]
Lithium	180°	0·59	12		Li	7	1+	2·0	15	—	2
Beryllium	(900°)	—	1·64	3—	Be	9	— 2	3·06	16·3	+2·6	
Boron	(1300°)	—	2·5	4 —	B	11	— 3	1·8	39	10	
Carbon	(3500°)	—	<2·6		C	12	— — 4	>1·0	<88	<19	
Nitrogen	−203°	—	<1·9	2—	N	14	— 3* — 5*	1·64	66	< 5	
Oxygen	<−200°	—	<1·9		O	16					
Fluorine	—	—	—	1	F	19					
Sodium	96°	0·71	0·98		Na	23	1+	Na₂O	2·6	24	−23	3
Magnesium	500°	0·27	1·74		Mg	24	— 2+		3·6	22	−3	
Aluminium	600°	0·23	3·6	3—	Al	27	— — 3	Al₂O₃	4·0	26	+1·5	
Silicon	(1300°)	0·08	2·5	4—	Si	28	— — 4		2·65	45	5·2	
Phosphorus	44°	1·38	2·2	3—	P	31	— 3* 4* 5*		2·39	59	6·2	
Sulphur	114°	0·67	2·07	2—	S	32	— — 4* 5·6*		1·96	82	8·7	
Chlorine	−75°	—	1·3	1	Cl	35½	1 — 3* 5* — 7*					
Potassium	(800°)	0·84	0·87		K	39	1+		2·7	35	−55	4
Calcium	(800°)	—	1·6		Ca	40	— 2+		3·15	36	−7	
Scandium	—	—	(2·5)		Sc	44	— — 3+		3·86	35	(0)	
Titanium	(2500°)	—	(5·1)		Ti	48	— — — 4		4·2	38	(+5)	
Vanadium	2000°	—	5·6		V	51	— 3 — 5		3·49	52	6·7	
Chromium	(2000°)	—	5·5		Cr	52	— 3 — 6*		2·74	73	9·5	
Manganese	(1500°)	—	7·5		Mn	55	— 2+ 3 — 6*					
Iron	1400°	0·12	7·8		Fe	56	— 2+ 3 — 6*					
Cobalt	(1400°)	0·12	8·6		Co	58	3 4 —					
Nickel	1350°	0·17	8·7		Ni	59	—					
Copper	1054°	0·29	8·8		Cu	63	1+ 2+	Cu₂O	5·9	24	9·8	5
Zinc	433°	—	7·1		Zn	65	— 2+		5·5	—	4·8	
Gallium	30°	—	5·9	3—	Ga	70	— 3	Ga₂O₃ (5·1)	(36)	(4·0)	
Germanium	900°	—	5·47		Ge	72	— — 4		4·1	44	4·5	
Arsenic	500°	0·06	5·7	3—	As	75	— 3 — 5*		4·1	56	6·0	
Selenium	217°	—	4·8	2—	Se	79	— — 4 6*					
Bromine	−7°	—	3·1	1	Br	80	1 — 5* — 7*					
Rubidium	39°	—	1·5		Rb	85	1+					6
Strontium	(600°)	—	2·5		Sr	87	— 2+		4·3	48	−11	
Yttrium	—	—	(3·4)		Y	89	— — 3+		5·05	43	(−2)	
Zirconium	(1500°)	—	4·1		Zr	90	— — 4		5·7	43	−0·2	
Niobium	—	—	7·1		Nb	94	— 3 — 5*		4·7	57	+2·3	
Molybdenum	—	—	12		Mo	96	— 2 3 4 — 6*		4·4	65	6·8	
Ruthenium	(2000°)	0·10	12·2	8·4	Ru	103	— 3 4 — 6 — 8					7
Rhodium	(1900°)	0·08	12·1	8·6	Rh	104	— 3 4					
Palladium	1500°	0·12	11·4	8·3	Pd	106	1+ 2 — 4					
Silver	950°	0·19	10·5	10	Ag	108	1+	Ag₂O	7·5	31	11	
Cadmium	320°	0·31	8·6	13	Cd	112	— 2+		8·15	31	13	
Indium	176°	0·46	7·4	14	In	113	— — 3	In₂O₃	7·18	38	2·7	
Tin	230°	0·23	7·2	16	Sn	118	— — 4		6·95	43	2·8	
Antimony	432°	0·12	6·7	18	Sb	120	— 3 — 5		6·5	49	2·6	
Tellurium	455°	0·17	6·4	20	Te	125	— — 4 6*		5·1	68	4·7	
Iodine	114°	—	4·9	26	I	127	1 — 3 — 5* — 7*					
Caesium	27°	—	1·88	71	Cs	133	1+					
Barium	—	—	3·75	36	Ba	137	— 2+		5·1	60	−6·0	
Lanthanum	(600°)	—	6·1	23	La	138	— — 3+		6·5	43	+1·3	
Cerium	(700°)	—	6·6	21	Ce	140	— — 3 4		6·74	50	2·0	
Didymium	(800°)	—	6·5	22	Di	142						
Ytterbium	—	—	(6·9)	(25)	Yb	173	— — 3		9·18	43	(−2)	
Tantalum	—	—	10·4	18	Ta	182	— — — 5		7·5	59	4·6	
Tungsten	(1500°)	—	19·1	9·6	W	184	— — 4 — 6		6·9	67	8	
Osmium	(2500°)	0·07	22·5	8·5	Os	191	— 3 4 — 6 — 8					
Iridium	2000°	0·07	22·4	8·6	Ir	193	— 3 4 — 6					
Platinum	1775°	0·05	21·5	9·2	Pt	196	— 2 — 4					
Gold	1045°	0·14	19·3	10	Au	200	1+ — 3	Au₂O (19·5)	(33)	(19)	11
Mercury	−39°	—	13·6	15	Hg	200	1+ 2+		11·1	20	0	
Thallium	294°	0·31	11·8	17	Tl	204	1+ — 3	Tl₂O₃ (9·7)	(47)	(4·3)	
Lead	326°	0·20	11·3	18	Pb	206	— 2+ — 4		8·9	53	4·2	
Bismuth	268°	0·14	9·8	21	Bi	208	— 3 — 5					
Thorium	—	—	11·1	21	Th	232	— — 4		9·86	54	2·0	12
Uranium	(800°)	—	18·7	13	U	240	— — 4 — 6		(7·2)	(80)	(9)	

한 것으로 유명한 독일의 화학자인 케쿨레(1829~1896)는 1860년에 '원소의 질량 측정'을 주제로 한 사상 최초의 국제 화학회를 개최했다. 이 회의에 참석한 멘델레예프는 그곳에서 원자량을 결정하는 방법을 제안한 이탈리아 화학자 스타니슬라오 칸니차로(1826~1910)의 "원자량을 중시해야 한다."라는 주장에 영향을 받았다.

이후 그는 화학 교과서를 집필할 때 당시 63개까지 발견되었던 원소를 어떻게 체계적으로 설명해야 할지 고민에 빠져 있었는데, 자신이 좋아하던 카드 게임에서 아이디어를 얻어 원소의 원자량과 성질을 적은 카드를 순서대로 나열하기를 수없이 반복한 끝에 하나의 표를 만들어 냈다. 그것은 원소들을 세로축은 원자량의 수로 배열한 다음, 가로축은 원자가(원잣값) 1, 2, 3, 4의 순서로 배열한 표로, 여기에서 멘델레예프는 어떤 중요한 시도를 했다. 적절히 대입할 수 있는 원소를 찾을 수 없는 칸에는 '에카붕소', '에카알루미늄', '에카규소'('에카'는 '1'을 의미하는 산스크리트어)같이 임시로 이름을 붙이고 비워 놓는 시도를 한 것이다. 이 표는 1870년에 독일의 과학 잡지에 발표되었다.

그 후 이 빈칸에 들어가는 원소를 발견하기 위한 경쟁이 벌어진 것은 두말할 필요도 없다. 그리고 이때 새로운 원소의 실마리가 된 것은 이 '주기율표'를 통해서 예상할 수 있는 원소의 성질과 반응성이었다.

5-8 원소 A는 원소 B로 변화할 수 있는가?

- 방사성원소와 연금술

오랜 기간 사람들은 '원소는 불변'이라고 믿어 왔다. 그러나 연금술사들은 '현자의 돌'만 있으면 비금속을 금으로 바꿀 수 있다고 생각했다. 이는 원소를 다른 원소로 바꾼다는 뜻이다. 원소는 절대 변화하지 않는 것일까? 아니면 조건에 따라서는 변화할 수 있는 것일까?

이 의문을 해결할 실마리가 된 것은 방사성원소의 발견이었다.

뢴트겐이 방사선을 발견하다

1895년, 독일의 화학자인 빌헬름 뢴트겐 (1845~1923)은 '새로운 빛'이라고도 불린 엑스(X)선을 발견했다. 손을 통과해서 사진 건판 위에 뼈의 모습을 비추는 엑스선은 커다란 반향을 불러일으켰다.

엑스선은 진공 음극선관에서 나왔다. 이 사실을 안 프랑스의 과학자 앙투안 앙리 베크렐(1852~1908)은 음극선관에서 나오는 음

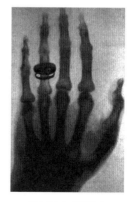

엑스선으로 촬영한 손

145

극선이 강한 형광 물질과 부딪힐 때 나오는 빛을 연구하면 엑스선 같은 방사선을 찾아낼 수 있으리라고 생각하고, 우라늄U의 화합물인 우라늄염을 사용해 자신의 생각을 확인해 보았다. 그리고 1896년에 우라늄에서 엑스선이 나온다는 사실을 발견했다. 우라늄염과 함께 책상 서랍에 넣어 뒀던 건판을 현상했더니 우라늄염의 짙은 그림자가 찍혀 있었던 것이다.

엑스선의 정량적 측정을 시도한 퀴리 부부

베크렐의 발견에 주목한 과학자 중에는 마리 퀴리(1867~1934)가 있었다. 당시는 엑스선의 양을 사진 건판의 흑화 정도와 검전기의 금속박이 닫히는 속도로 측정했다. 그러나 마리 퀴리는 우라늄이 나타내는 작용을 정량적으로 측정하고자 새로운 방법을 사용했다. 방사선이 공기에 부

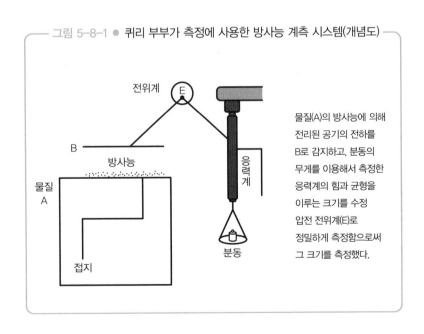

— 그림 5-8-1 ● 퀴리 부부가 측정에 사용한 방사능 계측 시스템(개념도) —

물질(A)의 방사능에 의해 전리된 공기의 전하를 B로 감지하고, 분동의 무게를 이용해서 측정한 응력계의 힘과 균형을 이루는 크기를 수정 압전 전위계(E)로 정밀하게 측정함으로써 그 크기를 측정했다.

덮혔을 때 흐르는 미세한 전류를 남편 피에르 퀴리(1859~1906)가 발명한 수정 압전 전위계를 이용해서 구하려 한 것이다.

실험 결과, 우라늄 화합물의 활성은 함유되어 있는 우라늄의 양하고 만 비례했다. 이 사실에서 마리 퀴리는 방사선이 우라늄 원자에서 기인한다고 생각했다. 또한 토륨Th이라는 원소도 같은 성질을 지녔음을 발견하고, 이 새로운 성질을 방사능이라고 이름 붙였다.

그 후 마리 퀴리와 피에르 퀴리는 1898년에 라듐Ra과 폴로늄Po이라는 방사능을 지닌 두 개의 새로운 원소, 즉 방사성원소를 발견함으로써 원자력 시대의 문을 열었다.

방사선의 종류 — 알파(α)선, 베타(β)선

라듐의 출현으로 방사능 연구는 눈부신 진전을 이루었다. 1899년에는 라듐이 내는 방사선에 여러 종류가 있음이 판명되었고, 뉴질랜드 출신의 영국 과학자 어니스트 러더퍼드(1871~1937)는 투과력이 약한 쪽에 알파(α)선, 센 쪽에 베타(β)선이라는 이름을 붙여서 구별했다. 또한 러더퍼드는 토륨에서 기체 형태의 방사성물질(토륨 에머네이션, 훗날의 라돈Rn)이 생겨나는 것을 발견했다.

이 베타선이 자기장 속을 지나갈 때 휘어지는 모습을 보고 이것이 (−)전하를 띠고 있음을 밝혀낸 퀴리 부부는 (−)전하를 지닌 입자가 라듐에서 연속적으로 방사되고 있다고 생각했다.

한편 러더퍼드는 강력한 자기장 속에 알파선을 통과시키고 휘어지는 모습을 통해 알파선이 (+)전하를 지닌 물질 입자임을 밝혀냈다(1902년).

러더퍼드는 수산화토륨을 여과한 뒤 여과액의 방사능이 더 강하다는 사실을 발견하고 깜짝 놀랐다. 한편, 수산화토륨의 방사능은 약해졌다. 그는 여과액에서 토륨과는 다른 방사성물질을 분해하고 토륨-X라고 이름 붙였다.

그런데 시간이 지나자 토륨은 방사능을 회복한 데 비해 토륨-X는 반대로 방사능을 잃어버렸다. 그래서 그는 토륨에서 토륨-X, 토륨-X에서 토륨 에머네이션, 그리고 유도 방사성 침전물로 변환되는 것이 아닐까 하고 추측했다.

러더퍼드는 《방사성 변화》(1903년)라는 논문에서 원자 변환의 계열도를 제시하고 다음과 같이 주장했다. "방사성물질은 다른 물질로 변환되며, 여기에 동반해 방사선이 방사된다." 이는 현대의 관점과 100% 일치하는 생각이다.

이 순간, 원소는 불변의 존재가 아니게 된 것이다. 또한 1919년에 러더퍼드는 알파선을 질소의 원자핵에 충돌시키면 양성자를 내보내고 산소 원자로 바뀐다는 사실을 알아냈다. 연금술사들의 주장은 틀리지 않았던 것이다.

그러나 러더퍼드의 생각이 인정받기 위해서는 원자의 구조가 더 해명되어야 했다.

5-9 원자는 어떤 형태를 띠고 있을까?

- 초기의 원자 모형

화학이 발전함에 따라 '원자의 입자성'이 밝혀지고, 방사성원소의 발견으로 '원자가 다른 원자로 변화한다'는 사실이 밝혀졌다. 그러자 사람들은 근본적으로 원자가 어떤 구조인지에 관심을 품게 되었다.

초기 원자론의 시대

20세기 초까지만 해도 원자의 구조는 아직 베일에 싸여 있었다. 알고 있는 것은 원자에 (+)전기를 띠는 부분과 (-)전기를 띠는 부분이 있으며, 전체적으로는 그 둘이 균형을 이루어 전기적으로 중성이라는 것 정도였다.

그런 상황에서 방사성원소의 연구를 통해 원자 속에는 (-)전하를 띤 베타선과 (+)전하를 띤 알파선에 해당하는 무엇인가가 틀림없이 존재한다는 것을 알게 되었다. 아직 원자핵이나 전자 같은 개념이 명확하지 않았던 시대이다.

이론물리학에 혁명을 불러온 알베르트 아인슈타인(1879~1955)의 특수상대성이론이 발표된 때가 1905년이고, 일반상대성이론이 발표된 때는 1915년이다. 그리고 이와 동시에 훗날 화학계에 결정적인 영향을 끼친 '양자역학'도 발전해 나갔다.

서양 자두 푸딩 모형

1904년, 당시 저명한 물리학자였던 영국의 조지프 존 톰슨(1856~1940)은 (+)전하를 띤 구의 내부에 (−)전하를 띤 전자가 여기저기 느슨하게 박혀 있다는 원자 모형을 제창했다.

이 원자 모형의 영어 이름은 '서양 자두 푸딩 모형Plum pudding model'으로 말랑말랑한 푸딩 속에 서양 자두가 박혀 있는 이미지이다. 말랑말랑한 푸딩이 친숙한 영국인이기에 생각해 낼 수 있었던 적절한 비유일 것이다.

이 무렵, 일본의 나가오카 한타로(1865~1950)도 원자 구조를 연구했는데, 그는 1903년에 토성 모형이라고 부르는 원자 모형을 발표했다. 이것은 (+)전하를 띤 입자의 주위를 수많은 전자가 토성의 고리처럼 돌고 있다는 것이었다.

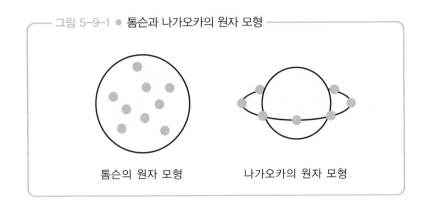

─ 그림 5-9-1 ● 톰슨과 나가오카의 원자 모형 ─

톰슨의 원자 모형   나가오카의 원자 모형

러더퍼드의 행성 모형

다양한 원자 모형을 주장하는 상황에서 러더퍼드가 재미있는 실험을 했다. 금박에 알파선을 쪼여 그 충돌 상황을 살펴본 것이다. 실험 결과, 대부분의 알파선은 아무런 저항도 없이 금박을 통과했는데, 2,000번에 1번 정도의 비율로 알파선이 크게 휘어지거나 튕겨져 나왔다.

금박에 금의 원자가 빈틈없이 나열되어 있다고 가정한다면 이 결과는 '원자의 내부가 빈틈투성이'임을 의미한다. 그러나 아주 드물게 '밀도가 큰 부분'이 있어서, 우연히 그 부분에 충돌한 알파선만이 튕겨져 나온 것이다.

이 결과는 러더퍼드의 스승인 톰슨이 제안한 서양 자두 푸딩 모형을 부정하는 것이었다. 실험 결과를 바탕으로 러더퍼드가 1911년에 제안한 원자 모형은 원자의 질량 중 거의 전부를 차지하는 작고 무거우며 (+)전하를 띤 입자의 주위를 수많은 전자가 돌고 있다는 행성 모형이다. 이것은 중심에 위치한 (+)전하를 띤 입자의 크기를 제외하면 나가오카의 원

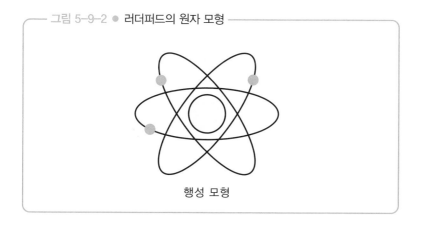

── 그림 5-9-2 ● 러더퍼드의 원자 모형 ──

행성 모형

자 모형과 매우 유사했다.

　이렇게 해서 화학은 '만물의 근원'이라고도 할 수 있는 원자의 형태를 밝혀낼 실마리를 얻었다.

Part
6

양자역학을 받아들인
새로운 화학

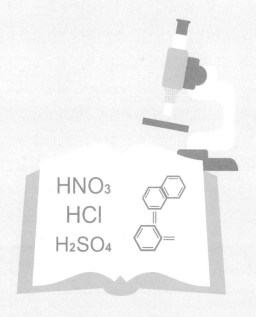

HNO₃
HCl
H₂SO₄

6-1 모든 물질은 '입자성과 파동성'을 함께 지니고 있다

- 물질의 이중성과 양자역학

상대성이론과 양자역학이 동시에 등장했다!

1900년부터 20년 정도는 과학의 역사뿐만 아니라 인류의 역사에서도 특별한 시대로 사람들의 기억에 각인되어 있을 것이다. '상대성이론'과 '양자역학'이라는, 이후의 물리학에 결정적인 영향을 끼친 양대 이론이 동시다발적으로 등장했기 때문이다.

그러나 이 양대 이론은 각기 다른 방식으로 생겨나고 성장했다. 상대성이론은 아인슈타인이라는 한 거인의 손에서 탄생한 데 비해, 양자역학은 누가 만들어 냈다고 꼬집어서 말하기가 어렵다. 이론의 싹이 나타나자 누군가가 여기에 무엇인가를 덧붙이고, 그것을 보고 다른 누군가가 또다시 새로운 무엇인가를 덧붙이는 식으로 서서히 성장했기 때문이다.

폭발하는 '지식의 캄브리아기'

지구의 역사에 캄브리아기라는 시기가 있다. 약 5억 4000만 년 전부터 4억 8000만 년 전까지의 시대인데, 이 시기에 눈이 3개이거나 머리에서 다리가 나오는 등 기존의 생물과는 동떨어진 모습의 생물이 속속 출현했다.

양자역학의 성장 과정은 말 그대로 '지식의 캄브리아기'라고 부르기에 손색이 없는 것이었다. 1905년에 출현한 상대성이론(특수상대성이론)은 기존의 바이블이었던 고전역학을 고쳐 쓰게 하는 위력을 지니고 있었다. 그런데 이 상대성이론과 거의 같은 시기에 출현한 양자역학은 상대성이론보다도 훨씬 상식을 초월한 이론의 집대성이었다.

양자역학은 상대성이론에 비해 화려함은 없다. 그러나 현대의 입자물리학의 근간을 지탱하고 있으며, 상대성이론보다 '앞을 내다보는' 이론이라고 할 수 있다. 무엇보다도 현대 화학의 근간을 지탱하는 '양자 화학'의 기초 이론이기 때문이다.

빛은 파동인가, 입자인가?

이 무렵에 등장한 획기적인 발상으로 프랑스의 과학자인 루이 드 브로이(1892~1987)가 1924년에 발표한 '물질파'라는 것이 있다. 이것은 너무나 상식 밖의 발상이었던 까닭에 발표 후에도 한동안은 아무런 관심을 받지 못했다.

드 브로이가 물질파라는 발상을 떠올린 계기는 전자와 빛에 관한 일련의 실험 결과였다.

① 안개상자로 '전자는 입자'임을 밝혀내다

전자에 관한 획기적인 견지를 가져다준 것은 '안개상자'라는 실험 장치였다. 이것은 상자 속에 입자의 크기가 일정한 작은 입자를 채워 넣은 장치이다. 이 입자들은 중력의 영향으로 떨어지는데, 그 속도는 입자의 크기가 일정한 까닭에 V로 거의 일정하다.

이 안개상자에 전류를 통과시키면 입자의 낙하 속도가 불연속적으로 변화한다. 속도가 V+v, V+2v, V+3v 등, v를 단위로 불연속하게 변하는 것이다.

입자의 낙하 속도가 빨라지는 이유는 입자에 달라붙은 전자와 (+)극 사이의 전기적인 인력 때문이다. 그리고 속도가 v, 2v, 3v라는 단위량으로 변화하는 것은 안개 입자 한 개에 전자가 1개, 2개, 3개 달라붙었음을 나타내며, 이는 전자가 입자임을 보여 주는 증거이다.

— 그림 6-1-1 ● 작은 입자가 속도를 바꾸면서 안개상자 속을 낙하한다 —

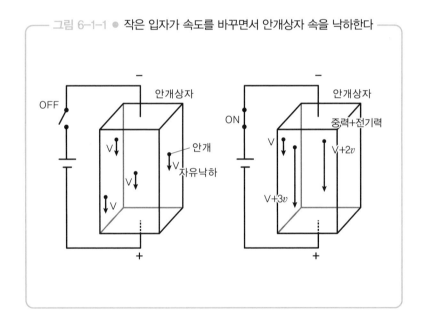

② 광전관에서 '빛은 입자'라는 결과가 나타나다

이어서 힌트가 된 것은 광전효과였다. 광전효과는 금속에 빛을 비추면 전자가 튀어나오는 현상이다. 광전효과를 실험할 수 있는 광전관으로 외부에서 들어오는 빛의 진동수와 세기를 조절하면서 전류의 세기를 측정할 때, 일정한 진동수 미만의 빛을 비추면 빛의 세기에 관계없이 전자가 튀어나오지 않으며, 같은 진동수의 빛을 비추면 튀어나오는 전자의 수는 빛의 세기에 비례함을 알 수 있다. 이는 빛이 입자성을 지니고 있음을 보여 준 결과였다. 그전까지는 빛이 파장 λ(람다)와 진동수 ν(뉴)를 가진 파동으로 생각되고 있었다.

— 그림 6-1-2 ● 광전관 실험으로 '빛이 입자'임을 알아냈다 —

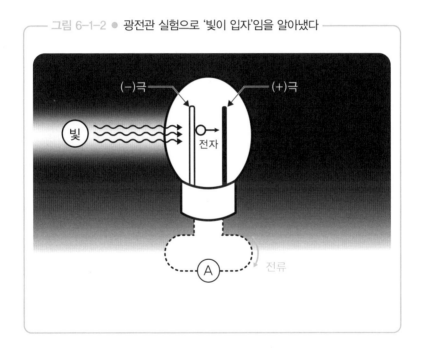

③ 입자성과 파동성을 함께 지닌다!

이상과 같은 결과에서 드 브로이는 '모든 물질은 입자의 측면과 파동의 측면을 함께 지니고 있다'고 생각했다. 파동이라면 파장 λ를 가져야 하는데 드 브로이에 따르면 그 파장은 다음의 식으로 구할 수 있다.

$$\lambda = \frac{h}{mv}$$

λ: 물질(입자)의 파장[m]

h: 플랑크상수 = 6.63×10^{-34}[J · s]

m: 물질(입자)의 질량[kg]

v: 물질(입자)의 속도[m/s]

이 식의 의미는(분모 · 분자로부터 생각했을 때) 다음과 같다.

• 물질의 질량이 크고 속도가 빨라질수록

　 → 파장은 짧아진다.

• 물질의 질량이 작고 속도가 느릴수록

　 → 파장은 길어진다.

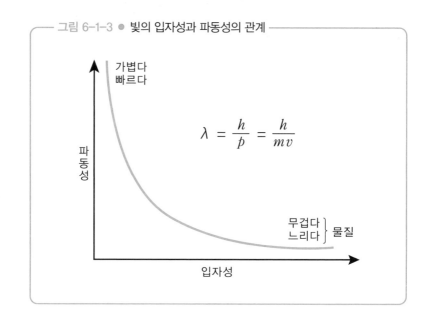

── 그림 6-1-3 ● 빛의 입자성과 파동성의 관계 ──

모든 물질이 파동의 측면을 지니고 있다면 우리 인간도 예외는 아닐 것이다. 말이 나온 김에 인간의 파장을 계산해 보자.

〈드 브로이의 문제〉
몸무게가 66.3kg인 사람이 3.6km/h(1m/s)로 천천히 걷고 있을 때, 드 브로이의 식으로 계산하면 파장(λ)이 어느 정도일지 계산하시오.

앞 페이지의 식에 각 수치를 대입하기만 하면 된다. h는 상수(플랑크 상수)이므로 그대로 놔둔다. m은 질량으로, kg 단위이므로 66.3(kg)을 그대로 집어넣는다. 그리고 속도 v는 3.6km/h를 미터(m) 단위로 변환해야 하는데, 이미 괄호 안에 '1m/s'로 적혀 있으므로 역시 1을 그대로 집어넣는다. 이제 계산해 보면,

$$\lambda = \frac{6.63 \times 10^{-34}}{66.3 \times 1} = 1 \times 10^{-36} \text{m}$$

그러므로 이 사람의 파장은 약 10^{-36}m이다.

그러나 10^{-36}m라는 파장은 너무나도 짧기 때문에 측정이 불가능하다. 즉, 이 사람의 파동성은 거의 없는 셈이다.

한편 전자의 경우는 질량이 10^{-30}kg, 속도가 10^8m/s라고 하면 파장이 6.63×10^{-12}m가 된다. 이 파장은 엑스선 사진의 촬영에 사용하는 엑스선의 파장과 거의 같은 수준으로, 충분히 파장으로서 인식할 수 있는 값이다.

이처럼 인간을 포함해 모든 물체는 파장의 성질을 지니고 있지만, '전자, 원자, 분자' 같은 '아주 작은 물질'에서만 의미를 가질 뿐 우리의 일상생활과는 무관한 이야기이다.

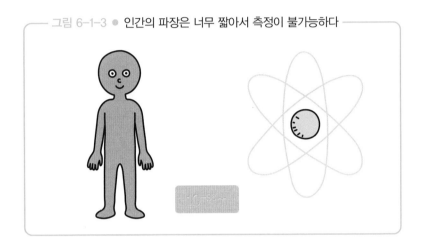

그림 6-1-3 ● 인간의 파장은 너무 짧아서 측정이 불가능하다

6-2 양자역학을 도입한 양자 화학

– 불확정성 원리

양자 화학은 양자역학을 화학에 도입한 이론이다. 사실 화학의 세계에는 수학에 약한 사람이 많은데, 양자 화학이 등장한 뒤로는 화학에도 수학이 필요해졌다.

양자화란 무엇일까?

양자역학에서는 이름처럼 양자가 중요한 역할을 한다. 양자의 개념은 물을 예로 들면 이해하기 쉬울 것이다. 수도꼭지에서 흘러나오는 물은 연속적이다. 어떤 양이든 자유롭게 받을 수 있다. 그러나 자동판매기에서 판매하는 페트병의 물은 대체로 한 병에 0.5L이다. 0.3L만 필요해도 0.5L 단위로 사야 한다. 0.8L가 필요하다면 두 병을 사야 한다. 이렇게 띄엄띄엄한 양만을 가질 수 있는 것이 양자화이다. 다만 이런 '양자'가 명료한 형태로 나타나는 것은 전자, 원자, 분자 같은 아주 작은 미립자의 세계에서만이다.

이렇게 더 이상 나눌 수 없는 에너지의 최소량의 단위를 '양자'라고 하는데, 연구가 진행되자 양자가 존재하는 것은 운동량이나 에너지만이 아님이 밝혀졌다. 팽이의 운동을 생각하면 이해하기 쉬울 것이다. 빙글빙

글 돌던 팽이의 회전 속도가 줄어들면 축이 기울어 세차운동 상태가 된다. 그리고 이때 축과 팽이의 각도 θ(세타)는 우리가 사는 일반적인 세계에서는 15°, 15.7°, 16.2°, ……와 같이 연속적으로 변화한다. 그런데 아주 작은 입자의 세계에서는 θ가 15°, 30°, 45° 등 띄엄띄엄한 값이 되는 것만 허용된다.

이 생각은 훗날 밝혀지는 '오비탈(전자구름)의 형태'로서 시각화된다.

─ 그림 6-2-1 ● 전자의 세계에서는 띄엄띄엄한 값만이 허용된다 ─

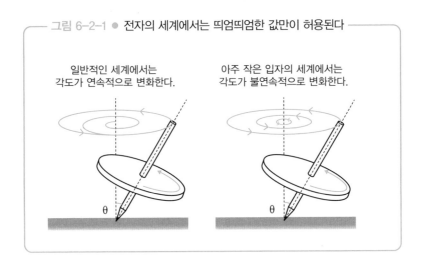

일반적인 세계에서는
각도가 연속적으로 변화한다.

아주 작은 입자의 세계에서는
각도가 불연속적으로 변화한다.

θ

θ

하이젠베르크의 불확정성 원리

물질파, 양자화 등의 이론이 발표된 것을 계기로 뉴턴역학과는 전혀 다른 개념이 속속 제안되었다. 1927년에 독일의 과학자 베르너 하이젠베르크(1901~1976)가 제안한 '불확정성 원리'도 그중 하나이다.

· 어느 한쪽은 흐릿해진다?

하이젠베르크의 불확정성 원리는 입자의 크기가 아주 작은 미시 세계에서는 '입자의 위치와 운동량을 동시에 정확히 측정할 수 없다'는 것이다. 이것은 입자가 가진 운동량을 정확히 측정하려고 하면 그 입자의 위치가 모호해질 수밖에 없으며, 반대로 입자의 위치를 정확히 측정하려 하면 이번에는 운동량이 모호해진다는 뜻이다.

기념사진을 예로 들어서 생각해 보면 이해가 쉬울 것이다. 큰 불상 앞에서 기념사진을 찍는다고 가정하자. 불상과 여행자를 하나의 사진에 담으려 하는데, 이때 오래된 '뉴턴 카메라(오래된 뉴턴역학을 상징한다)'로 사진을 찍으면 불상도 여행자도 그럭저럭 찍히지만, 초점이 맞지 않아서 자세한 부분이 불명료해진다. 한편 최신식 '양자 카메라'로 찍으면 어떻게 될까? 불상에 초점을 맞추면 불상은 선명하게 찍히지만 여행자는 흐릿해진다. 그래서 여행자에게 초점을 맞추면 이번에는 불상이 흐릿해진다. 요컨대 양자 카메라로는 불상과 여행자라는 '두 가지 양'을 동시에 정확히 측정할 수가 없다는 말이다.

— 그림 6-2-2 ● 양자 카메라로는 양쪽에 초점을 동시에 맞출 수 없다 —

·전자구름이 도출된다

'어느 한쪽은 흐릿해진다'는 것은 전자의 위치를 생각할 때 중요해진다. 요컨대 전자가 존재하는 위치는 대략적인 형태, 확률적인 형태로만 표현할 수 있게 된다는 말이다. 이것이 원자 모형을 이야기할 때 반드시 나오는 '전자구름'을 이끌어 냈다.

원자의 사진을 찍었다고 가정하자. 원자핵을 중심에 두고 촬영했다면, 전자가 어디 있는지는 알 수 없지만, 반드시 어딘가에 존재할 것이다. 첫 번째 사진, 두 번째 사진, ……, n 번째 사진에는 각각의 위치에 전자가 찍혀 있다. 이 n장의 사진을 겹쳐서 한 장으로 만든 것이 바로 전자구름이다. 요컨대 전자의 위치는 확률로만 나타낼 수 있으며, 그 확률을 가시화한 것이 전자구름인 것이다.

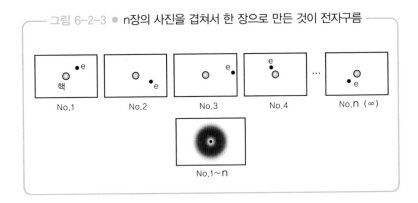

그림 6-2-3 ● n장의 사진을 겹쳐서 한 장으로 만든 것이 전자구름

6-3 원자를 적절히 나타내는 모형을 만들 수는 없을까?

— 현대적 원자 구조론

제5장에서 살펴봤듯이, 19세기 말부터 물질이 원자로 구성되어 있다는 사실이 밝혀지면서 원자의 구조에 화학자들의 관심이 집중되었다. 그리고 원자 모형으로서 서양 자두 푸딩 모형, 토성 모형, 행성 모형 등 몇 가지 모형이 제안되었다. 그러나 무엇 하나 만족스럽지 않았다.

러더퍼드-보어의 원자 모형

매력적인 원자 모형으로는 앞에서 이야기했던 러더퍼드의 '행성 모형'이 있었는데, 여기에는 치명적인 결함이 있었다.

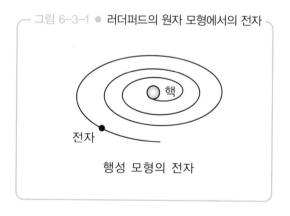

그림 6-3-1 ● 러더퍼드의 원자 모형에서의 전자

핵

전자

행성 모형의 전자

러더퍼드의 원자 모형은 (+)전하를 띤 무겁고 작은 입자(오늘날의 표현으로는 원자핵)의 주위를 (−)전하를 띤 전자가 동심원 궤도를 그리며

돈다는 것이다. 그런데 당시의 전자기학에 따르면 이런 전자는 에너지를 방출하여 궤도 반지름이 점점 줄어들다 결국은 원자핵에 파묻혀 버리게 된다. 그리고 이렇게 되면 모든 원자는 중성자가 되어 소멸하고 만다. 당연히 우주도 소멸해 버린다. 요컨대 현실적인 모형이 아닌 것이다.

무엇인가 좋은 방법은 없을까? 모두가 고민에 빠져 있을 때, 덴마크의 물리학자인 닐스 보어(1885~1962)가 묘안을 생각해 냈다. 1913년에 발표된 이 아이디어는 이론이라기보다 정말로 순간적인 영감에 불과한 것이었다.

반지름 r인 궤도를 속도 v로 원운동을 하는 질량 m의 물체는 뉴턴역학에 따르면 mvr이라는 각운동량을 갖는다. 그런데 보어는 이 각운동량이 어떤 값이든 가질 수 있는 것이 아니라 '$mvr=nh/2\pi$'라는 띄엄띄엄한 값만을 가질 수 있다고 가정했다(n은 정수, h는 플랑크상수). 이 n을 양자수라고 한다. 재미있는 사실은, 이 가설을 인정하면 수소 원자의 방출 스펙트럼이 완벽하게 설명된다는 것이다. 각운동량이 띄엄띄엄한 값만을 가질 수 있다는 보어의 가설은 분명 양자역학의 발상이었다.

그러나 보어가 이 가설을 제안했을 때는 아직 양자역학이 탄생하지 않은 시기였다. 이후 '행성 모형에 보어의 가설을 가미한 원자 모형'을 러더퍼드-보어의 원자 모형이라고 부르게 되었으며, 이 원자 모형은 지금도 원자 구조에

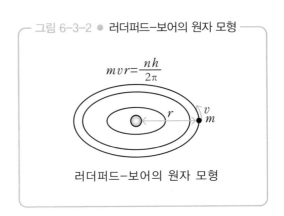

그림 6-3-2 ● 러더퍼드-보어의 원자 모형

$$mvr=\frac{nh}{2\pi}$$

러더퍼드-보어의 원자 모형

관한 기본 개념으로 사용되고 있다.

현대의 원자 구조

현대 화학에서는 원자 내에 있는 전자의 움직임을 '파동함수'라는 함수를 이용해서 나타낼 수 있다. 즉, 전자는 파동함수로 표시되는 오비탈(orbital=궤도함수)에 들어 있다. 오비탈의 에너지준위는 1s<2s<2p<3s<3p<3d<……의 순서로 그림 6-3-3과 같이 띄엄띄엄하게 높아진다. 이는 오비탈의 에너지가 양자화되어 있기 때문이다.

전자는 에너지가 낮은 오비탈부터 순서대로 2개씩 들어가는데, 오비탈에는 정원이 정해져 있어서 오비탈 하나에 2개까지만 전자가 들어갈 수 있다.

각각의 오비탈에 들어간 전자는 그림 6-3-4와 같은 전자구름을 구성한다. 일반적으로는 이것을 오비탈의 형태라고 한다. 이처럼 전자구름이

── 그림 6-3-3 ● 오비탈 에너지의 양자화

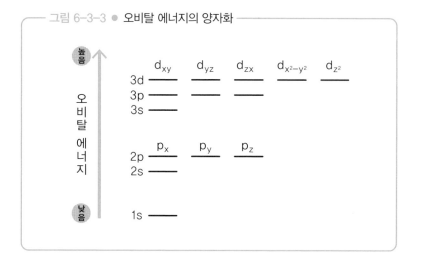

고유의 형태를 띠는 것은 전자가 공간적으로 양자화되어 있기 때문이다. 또한 오비탈의 형태가 구름처럼 흐릿하게 보이는 이유는 불확정성 원리 때문이다.

그림 6-3-4 ● p오비탈과 s오비탈의 형태

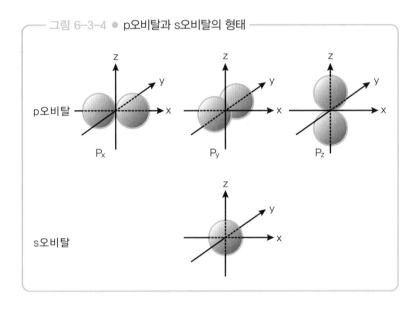

6-4 원자와 원자는 어떻게 결합할까?

- 분자 오비탈 이론

원자는 결합을 통해 분자를 만든다. 결합에는 이온결합과 금속결합 등 여러 종류가 있는데, 유기화합물을 만드는 결합 가운데 화학적으로 가장 중요한 것은 공유결합이다.

수소 분자의 결합

현대 화학에서, 원자 사이의 결합(공유결합)은 원자의 오비탈이 겹침으로써 이루어진다고 생각한다. 수소의 경우, 두 개의 s오비탈이 겹쳐서 새로운 오비탈(분자 오비탈)이 만들어진다. 각각의 수소가 가지고 있었던

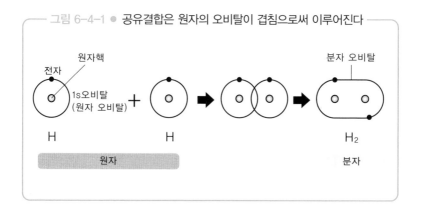

— 그림 6-4-1 ● 공유결합은 원자의 오비탈이 겹침으로써 이루어진다 —

전자 한 개씩은 분자 오비탈에 들어가며, 이 전자가 결합을 형성하기 때문에 특히 결합 오비탈이라고 부른다.

결합성오비탈과 반결합성 오비탈

양자 화학에 입각한 분자구조에서 가장 중요한 개념은 반결합성 오비탈이다. 반결합성 오비탈이 무엇인지 그림 6-4-2를 통해서 살펴보자. 그림에서 가로축은 원자 간 거리이고, 세로축은 에너지이다. 수소의 오비탈 에너지를 α(알파)라고 하자. 수소 원자 두 개가 서로 가까워지면 두 개의 분자 오비탈이 생긴다. 결합성오비탈과 반결합성 오비탈이다. 결합성오비탈은 원자가 가까워지면 에너지가 낮아지지만, 지나치게 가까워지면 원자핵의 반발이 일어나 에너지가 높아진다. 그런 까닭에 거리 r_0인 곳에서 최소가 되며, 이 거리가 수소 분자의 원자 간 거리, 즉 결합거리

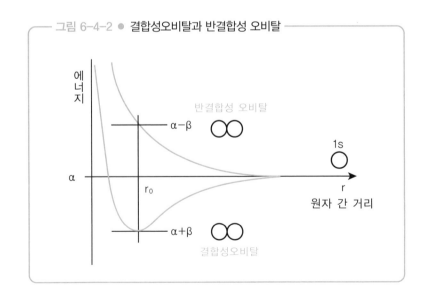

그림 6-4-2 ● 결합성오비탈과 반결합성 오비탈

가 된다. 그리고 이 최소 에너지가 α+β이다.

한편, 반결합성 오비탈의 에너지는 원자 사이의 거리가 가까워질수록 높아지며, 결합거리의 위치에서 α−β가 된다.

결합에너지

그림 6-4-3은 결합거리에서 결합성오비탈과 반결합성 오비탈의 에너지 관계를 나타낸 것이다. 전자는 원자의 경우와 마찬가지로 에너지가 낮은 오비탈부터 순서대로 하나의 오비탈당 2개라는 정원을 지키면서 들어간다. 그림의 화살표는 전자를 나타낸다. 전자가 2개 모두 결합성오비탈에 들어감을 알 수 있다.

— 그림 6-4-3 ● **결합해서 안정화된다(에너지가 낮아진다)** —

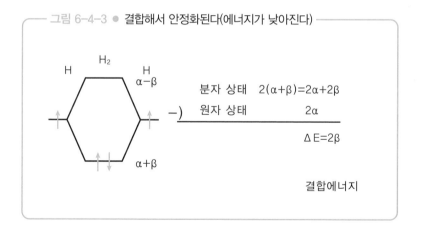

결합하기 전의 2개의 전자는 수소 원자의 오비탈에 있으므로 에너지는 $2α$이다. 그러나 결합한 뒤의 에너지는 $2α+2β$이다. 이것은 결합을 통해 $2β$만큼 안정화(에너지가 낮아짐)했음을 의미한다. 이 $2β$가 수소 분자

의 결합에너지인 셈이다.

한편 비활성기체는 결합하지 않는 것으로 알려져 있는데, 헬륨He을 예로 들어서 그 원인이 무엇인지 살펴보자. 헬륨 원자는 2개의 전자를 갖고 있다.

먼저 헬륨이 분자 He_2를 만들었다고 가정하자. 헬륨의 원자 오비탈은 수소와 같은 s오비탈이므로 분자 오비탈도 수소와 거의 같은 것이 만들어진다. 그림 6-4-4는 그 오비탈에 헬륨 2개분인 4개의 전자를 집어넣은 것이다. 모든 전자가 결합성오비탈에 들어가는 것이 아니라 2개가 반결합성 오비탈에 들어가며, 그 결과 결합성오비탈에서 안정화한 만큼 (2β)을 반결합성 오비탈에서 토해 내기 때문에 결국 결합에너지는 0이 된다. 즉, 결합 생성에 따른 안정화가 없기 때문에 헬륨은 결합하지 않는 것이다.

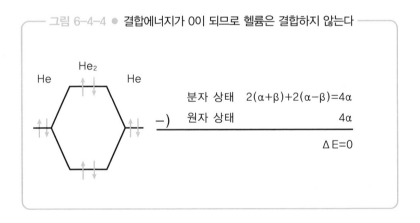

—— 그림 6-4-4 ● 결합에너지가 0이 되므로 헬륨은 결합하지 않는다

6-4 원자와 원자는 어떻게 결합할까?

평화인가, 전쟁인가?
실험 화학의 시대

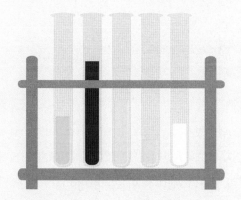

7-1 천사의 화학반응인가, 악마의 화학반응인가?

‘인류를 행복하게 만들어 주는 화학반응’이라고 하면 여러분은 어떤 반응이 생각나는가? 만능의 약을 만드는 반응, 공기에서 식량을 만드는 반응 등은 인류를 행복하게 만들어 주는 화학반응일지도 모른다.

반대로 ‘인류를 불행하게 만드는 화학반응’에는 무엇이 있을까? 아마도 사람의 생명을 빼앗는 화학반응이 대표적일 것이다.

그렇다면 다음의 화학반응은 어느 쪽에 속할까?

공기에서 빵을 만드는 화학반응

1906년, 유대계 독일인인 프리츠 하버와 카를 보슈는 훗날 하버·보슈법으로 불리는 화학반응을 개발했다. 이는 수소 기체H_2와 질소 기체N_2를 400~600℃, 200~1,000기압이라는 가혹한 조건에서 철을 촉매로 사용해 반응시킴으로써 암모니아NH_3를 만드는 방법이다.

이때 필요한 수소 기체는 메테인 등 화석연료에서 얻으며, 질소 기체는 공기 중의 질소 기체를 그대로 사용한다.

$$3H_2 + N_2 \rightarrow 2NH_3$$

식물의 성장을 촉진하는 데 필요한 비료의 3요소가 있다. 바로 질소N, 인P, 칼륨K이다. 그중에서도 질소는 식물의 줄기와 잎을 만드는 중요한 영양소로, 공기 중에 잔뜩 들어 있다. 그러나 콩과 식물 등의 특수한 종을 제외한 대부분의 식물, 특히 작물은 공기 중의 질소를 그대로 흡수하지 못한다. 질소를 일단 질산염 등의 형태로 만들어야 한다. 이를 '질소고정'이라고 한다.

하버·보슈법으로 얻은 암모니아는 산화하면 질산HNO_3이 되고, 질산을 칼륨과 반응시키면 질산칼륨KNO_3이 되며, 질산을 다시 암모니아와 반응시키면 질산암모늄NH_4NO_3이 된다.

질산칼륨과 질산암모늄은 둘 다 효율이 높은 질소비료이다. 이것을 사용하면 작물은 쑥쑥 자라서 많은 곡물을 만들어 준다. 그래서 하버와 보슈는 '공기에서 빵을 만든 사람'으로 불렸으며, 훗날 노벨상을 받게 되었다.

— 그림 7-1-1 ● 하버·보슈법으로 암모니아를 만든다 —

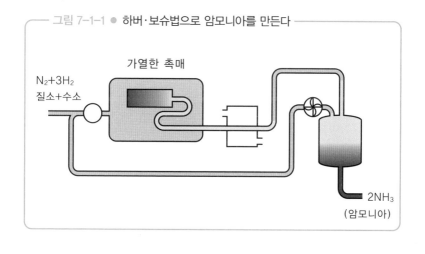

가열한 촉매

N_2+3H_2
질소+수소

$2NH_3$
(암모니아)

그런데 질산은 나이트로화 반응의 원료이다. 지방을 가수분해해서 얻는 글리세린을 질산과 황산으로 나이트로화하면 토목공사에 없어서는 안 될 다이너마이트의 원료(나이트로글리세린)가 된다. 셀룰로스를 나이트로화하면 무연화약의 원료인 나이트로셀룰로스가 되며, 톨루엔을 나이트로화하면 폭약의 전형이라고도 할 수 있는 트라이나이트로톨루엔, 즉 TNT가 된다. 또한 최근에는 값싼 질산암모늄과 경유 등의 연료유를 섞은 안포ANFO폭약의 우수성과 저렴함이 주목받아, 민간용 화약 시장에서 다이너마이트의 소비량을 능가하고 있다.

과거에는 화약이라고 하면 흑색화약이었다. 불꽃놀이 폭죽도, 대포와 소총도 흑색화약을 사용했다. 흑색화약은 앞에서도 이야기했듯이 중국의 발명품으로, 목탄 가루(탄소C)와 황S과 초석(질산칼륨)KNO_3의 혼합물이다. 이 가운데 특히 중요한 것은 산소 공급제인 초석인데, 초석은 대부분의 경우 '반인공의 천연물'이었다. 짚에 반복적으로 소변을 뿌린 다음, 소변에 푹 절인 짚을 솥에 넣고 펄펄 끓여 졸임으로써 초석 결정을 만들어야 했던 것이다. 요컨대 흙 속의 질산균을 이용해 소변 속의 요소$(NH_2)_2CO$를 질산으로 만들고, 이 질산과 짚 속의 칼륨K을 반응시켜 질산칼륨으로 만드는 것이었다.

당연한 말이지만 이 작업을 하는 과정에서 나오는 냄새는 굉장히 지독했다. 프랑스의 부르봉왕조는 이 일에 관여하는 관리에게 특별 수당을 지급했다는 이야기도 있을 정도이다. 그래서 화약은 귀중품이었고, 어떤 나라든 보유량에 한계가 있었다. 그런 까닭에 과거에는 대포와 소총을 어느 정도 쏘면 화약이 떨어져서 더는 전쟁을 할 수 없게 되었고, 그 뒤에는 교섭을 통해서 마무리하는 것이 일상이었다.

그런데 이런 상황에서 하버·보슈법이 등장했다. 이 방법을 사용해 화약을 무제한으로 만들 수 있게 된 것이다. 제1차세계대전에서 독일군이 사용한 화약은 대부분 하버·보슈법으로 만든 것이었다고 한다. 또한 제2차세계대전처럼 장기간에 걸친 대규모 전쟁이 가능했던 것도 하버·보슈법 때문이었다.

하버·보슈법은 '공기에서 빵을 만드는' 천사의 화학반응이었을까, 아니면 전쟁을 확대한 원흉인 악마의 화학반응이었을까? 하버·보슈법 덕분에 굶주림으로부터 해방된 사람과 이 방법 때문에 목숨을 잃었거나 가족을 잃은 사람 중 어느 쪽이 더 많을까?

하버와 보슈, 그 후의 운명

하버와 보슈의 화려한 경력 뒤에는 어둠도 숨어 있었다.

하버에게는 제1차세계대전에서 독일군의 독가스 작전의 책임자로 일했다는 씻을 수 없는 오점이 있다. 근대 전쟁에서 사용된 최초의 독가스는 제1차세계대전 중인 1915년에 독일군이 사용한 염소가스로 알려져 있다. 이에 대해 프랑스군은 1916년에 염소가스보다 독성이 강한 포스겐을 사용했고, 이에 독일군은 접촉성 독가스인 이페리트(겨자가스)로 응수했다. 이렇게 해서 제1차세계대전 동안 사용된 독가스의 종류는 30종이 넘으며, 피해자는 적게 잡아도 130만 명, 사망자는 10만 명에 이르렀다고 한다. 이 사태를 초래한 독일 측의 총책임자가 바로 하버였던 것이다. 자신에게 쏟아진 비난에 대해 하버는 "전쟁을 조기에 종결시켜 전쟁의 희생자를 줄이려면 그러는 수밖에 없었다."라고 변명했다.

그런 까닭에 전쟁이 독일의 패배로 끝나자 하버는 사형을 각오했던 듯하다. 그런데 사태는 완전히 다른 방향으로 흘러가, 하버는 1918년에 하버·보슈법을 개발한 공로로 노벨화학상을 받았다.

그러나 그 후의 하버는 가정의 문제나 독일 내에서의 유대인 배척 운동 등으로 불행한 만년을 보냈고, 영국과 프랑스, 스위스 등지를 전전하며 은둔 생활을 하다 1935년에 스위스에서 세상을 떠났다.

한편 보슈도 1931년에 '고압 화학반응의 개발'이라는 공로로 노벨화학상을 받았다. 그러나 이 무렵 대두한 나치의 아돌프 히틀러와 반목하게 되었고, 만년에는 술독에 빠져 살았다고 한다.

7-2 왜 항생물질은 세균에 효과가 있을까?

– 페니실린의 효용

현대에는 감염증에 걸리면 당연하다는 듯이 '항생물질'을 사용한다. 항생물질은 '미생물이 분비하는, 다른 미생물이나 세균 등의 생존을 방해하는 물질'을 의미한다. 최초로 발견된 페니실린이 너무나도 효과가 좋았던 까닭에 전 세계에서 항생물질 찾기가 계속된 결과, 지금은 수십 종류나 되는 항생물질이 발견되어 의료 현장에서 사용되고 있다.

플레밍의 대발견

영국의 미생물학자이자 의사인 알렉산더 플레밍은 대학교에서 포도상구균이라는 세균을 연구하고 있었는데, 1928년의 어느 날 작은 실수를 저질렀다. 세균이 번식하고 있는 배양접시 속에 푸른곰팡이를 발생시키고 만 것이다. 플레밍은 이 시료를 버리려고 했는데, 유심히 들여다보니 어째서인지 푸른곰팡이의 주위에서만 세균이 번식하지 않고 있었다. 그래서 신기하게 느껴 현미경으로 살펴본 결과, 푸른곰팡이가 분비하는 액체가 세균을 녹였다는 사실을 알게 되었다.

이에 푸른곰팡이의 분비액을 다른 세균들에도 시험해 봤는데, 유해한 세균에 효과가 좋을 뿐만 아니라 눈에 띄는 부작용도 없었다. 플레밍은

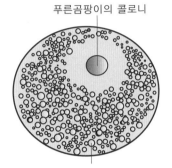

그림 7-2-1 ● 포도상구균을 죽이는 푸른곰팡이

푸른곰팡이의 콜로니

알렉산더 플레밍

황색포도상구균의 콜로니

푸른곰팡이가 분비하는 이 물질에 '페니실린'이라는 이름을 붙였고, 이렇게 해서 세계 최초의 항생물질이 탄생했다.

페니실린의 대량생산에 성공하다

그러나 이 페니실린은 이윽고 많은 사람의 기억에서 잊히고 말았다. 페니실린을 푸른곰팡이에서 추출하기가 너무나도 어려웠고, 또 의료 현장에서도 제대로 이용되지 않았기 때문이다.

그런데 10여 년이 지났을 무렵에 영국 옥스퍼드대학교의 하워드 플로리(1898~1968)와 언스트 체인(1906~1979)이 항생물질을 연구하다 플레밍의 논문을 발견했다. 두 사람은 푸른곰팡이의 분비액에서 페니실린을 추출하는 방법과 대량생산 방법을 연구하기 시작했고, 그 결과 순수한 페니실린을 추출하는 데 성공했다. 덕분에 1943년부터 대량생산된 페니실린으로 수많은 사람의 목숨을 구하게 되었으며, 플레밍과 플로리, 체인은 1945년에 노벨생리의학상을 받았다.

새로운 항생물질을 찾는 노력은 지금도 계속되고 있다. 2015년에는 일본의 오무라 사토시가 새로운 항생물질인 아버멕틴을 개발하는 데 기여한 공로로 노벨생리의학상을 받았다.

항생물질이 세균에 효과가 있고, 바이러스에는 효과가 없는 이유

항생물질이 하는 일은 '세균의 세포벽을 파괴하는' 것이다. 세포벽이 파괴된 세균은 자신의 형태를 유지하지 못하게 되며, 녹듯이 무너져 내려서 죽고 만다. 그리고 이 말은 세포벽이 없는 세포에는 항생물질이 효과가 없다는 의미로도 해석할 수 있다.

세포벽이라는 것은 세포막의 바깥쪽에 있는 단단한 구조물이다. 동물 세포에는 세포벽이 없지만, 식물세포에는 세포벽이 있다. 세균은 식물세포는 아니지만 세포벽을 가지고 있다. 그래서 항생물질이 효과가 있었다. 그러나 생물이기도 하고 아니기도 한 '바이러스'에는 세포벽은커녕

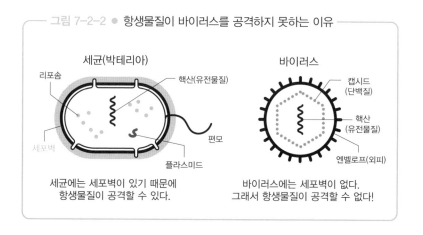

— 그림 7-2-2 ● 항생물질이 바이러스를 공격하지 못하는 이유 —

세균(박테리아)

리포솜
핵산(유전물질)
세포벽
편모
플라스미드

세균에는 세포벽이 있기 때문에
항생물질이 공격할 수 있다.

바이러스

캡시드
(단백질)
핵산
(유전물질)
엔벨로프(외피)

바이러스에는 세포벽이 없다.
그래서 항생물질이 공격할 수 없다!

세포 구조 자체가 없다. 그래서 바이러스에는 항생물질이 효과가 없는 것이다.

　또한 세균에 항생물질을 사용하는 것에도 문제는 있다. 어떤 세균에 수없이 항생물질을 사용하면 그 항생물질에 내성을 지닌 내성균으로 돌연변이를 일으킨다. 그런 까닭에 항생물질을 안일하게 사용하지 말고 정말 필요할 때만 사용하는 것이 중요하다.

7-3 거미줄보다 가늘고, 철보다 강하다

- 합성고분자 화학

세계사는 인류가 사용한 도구의 소재를 기준으로 구석기시대, 신석기시대, 청동기시대, 철기시대로 나뉜다. 이 분류법에 따르면 아직 철기시대가 끝나지 않았다고도 할 수 있다.

그러나 일반 가정에서 철이 그대로 노출되어 있는 것은 못 정도이고, 아니면 철 합금인 스테인리스강 정도가 아닐까? 철근 건축물에는 벽이나 기둥의 내부에 철이 들어 있지만, 몇 배나 되는 양의 콘크리트가 그 주위를 뒤덮고 있다.

우리의 눈에 가장 많이 보이는 물건의 재료는 목재와 옷의 섬유를 제외하면 아마도 플라스틱일 것이다. 사실은 옷도 대부분이 플라스틱인 합성섬유로 만들어졌다.

'고분자'에도 여러 종류가 있다

현대사회에는 그만큼 많은 플라스틱이 존재하는데, 사실 플라스틱의 역사는 의외로 짧다. 1800년대는 물론이고 1900년대 초반까지만 해도 최소한 일반 가정에서는 오늘날과 달리 플라스틱을 거의 볼 수 없었다.

플라스틱은 일반적으로 말하는 '고분자'의 일종이다. 고분자는 단순

PART 7 평화인가, 전쟁인가? 섬 화학의 시대

── 그림 7-3-1 ● 수많은 분자가 결합한 '고분자'

◯ 탄소 ◯ 수소

한 구조의 단량체가 수백, 수천 개씩 공유결합을 해서 생긴 거대한 분자를 의미한다.

고분자에는 수많은 종류가 있다. 천연물인 아미노산이 결합한 단백질, 포도당이 결합한 전분 등도 고분자이며, 이런 것들을 천연고분자라고 부른다. 한편, 폴리에틸렌이나 PET처럼 인간이 만들어 낸 것을 합성고분자라고 부르며, 그중에서도 고체이고 가열하면 부드러워지는 것을 '열가소성 플라스틱'이라고 한다. 프라이팬의 손잡이라든가 국그릇 등에 사용되는 소재는 가열해도 부드러워지지 않기 때문에 '열경화성 플라스틱'이라고 한다.

1930년 이전에도 천연물 이외의 고분자가 존재하기는 했지만, 그런 것들은 천연고분자에 첨가물을 넣었거나 간단한 화학반응을 가해서 성질을 바꾼 것이었기에 완전한 합성고분자라고는 말할 수 없었다. 이런 고분자에는 천연고무에 황을 많이 첨가한 것으로서 만년필의 몸체로 많이 사용되는 에보나이트, 셀룰로스의 나이트로화로 생기는 나이트로셀룰로스에 장뇌를 섞은 것으로서 영화 필름 등에 사용되었던 셀룰로이드 등이 있다.

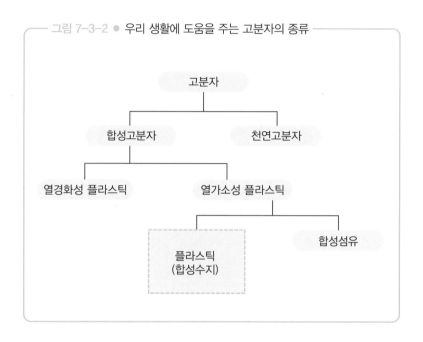

그림 7-3-2 ● 우리 생활에 도움을 주는 고분자의 종류

고분자

합성고분자

천연고분자

열경화성 플라스틱

열가소성 플라스틱

플라스틱
(합성수지)

합성섬유

고분자는 어떤 구조일까?

고분자가 수많은 단량체로 구성되어 있다는 것은 이전부터 알려져 있었지만, 그 구조에 관해서는 두 가지 설이 있었다. 하나는 '단량체가 바짝 붙어 모인 것'이라는 설이고, 다른 하나는 '단량체가 화학결합으로 결합한 것'이라는 설이다. 후자는 독일의 과학자인 헤르만 슈타우딩거(1881~1965)가 혼자 주장한 것이었고, 다른 연구자들은 모두 전자를 지

지했다.

어느 설이 옳은지를 놓고 학회에서 격렬한 논쟁이 벌어졌는데, 그 구도는 '1인 대 다수'였다. 그러나 슈타우딩거는 정력적으로 실험에 몰두해 자신의 설을 뒷받침하는 사실을 하나둘 발견해서는 학회에 발표했고, 결국 자신의 설이 옳음을 모두에게 인정받았다. 그는 이 공로로 1953년에 노벨화학상을 수상했으며, 지금도 '고분자의 아버지'로 불리고 있다.

사실 패배한 다수파도 전혀 말이 안 되는 주장을 했던 것은 아니었다. 다만 그들의 주장과 합치하는 물질은 고분자가 아니라 훗날 '초분자'로 불리게 되는 것이었다. 초분자에 관해서는 뒤에서 다시 소개하겠다.

거미줄보다 가느다란 나일론의 탄생

인류 최초의 본격적인 합성수지이자 합성고분자인 나일론을 발명한 사람은 당시 30세를 갓 넘겼던 미국 듀폰사의 젊은 과학자 월리스 캐러더스(1896~1937)이다. 그는 고분자 합성을 연구하고 있었는데, 목표는 중합도 4000, 즉 4,000개 이상의 단량체를 결합시키는 것이었다. 연구는 순조롭게 진행되어, 천연고무의 단량체인 클로로프렌의 합성에 성공하고, 이것을 중합한 합성고무인 네오프렌 개발에도 성공했다.

연구 과정에서 캐러더스는 고온에서 끈적끈적한 고체가 되는 중합체를 몇 가지 만드는 데 성공했다. 그리고 이런 중합체들을 가열해서 녹인 다음 막대를 담가서 잡아 늘이자 가느다란 단섬유가 되는 것을 관측했다. 이 발견을 계기로 그 단섬유들의 합성이 프로젝트의 중심이 되었고, 그 결과 나일론이 탄생한 것이다.

나일론은 녹는점이 높기 때문에 다루기 어려운 제품이었지만, 듀폰사는 나일론을 제품화하기로 결정했다. 나일론이 발명된 때는 1935년이었지만, 듀폰사는 비밀을 유지하기 위해 연구 결과를 발표하지 않다가 1938년에 마침내 "거미줄보다 가늘고, 강철처럼 강하다."라는 유명한 광고 문구와 함께 나일론을 발표했다.

그러나 이전부터 우울증의 경향이 있었던 캐러더스는 나일론이 세상에 발표되기 1년 전인 1937년에 호텔에서 청산가리를 먹고 무명인 채로 세상을 떠났다. 조금만 더 오래 살았더라도, 혹은 듀폰사가 조금만 더 일찍 발표를 했더라도 노벨상을 받았을 것이라고 생각하면 참으로 안타깝다.

기능성고분자로 '사막의 녹화'를 실현하다

그 후 고분자화학은 크게 발전해, 지금은 플라스틱 없이는 사회가 성립되지 않을 정도가 되었다. 고분자는 본래 소재로서 발전했지만, 현재는 단순한 소재를 넘어서 고분자 자체에 특유의 기능이 있는 '기능성고분자'가 개발되고 있다.

그중 유명한 기능성고분자로는 고흡수성수지가 있다. 이것은 자신의 무게의 1,000배나 되는 물을 흡수하는 고분자이다. 기저귀나 생리용품으로 이용되고 있을 뿐만 아니라 사막의 녹화에도 활용되고 있다. 사막에 고흡수성수지를 채우고 여기에 물을 흡수시킨 다음 나무를 심는 것이다. 급수 간격을 늘릴 수 있어서 관리에도 도움이 되며, 이따금 내리는 빗물을 저장하는 역할도 한다.

또 2000년에 노벨화학상을 수상한 연구 주제인 전도성고분자는 전기를 통과시키는 최초의 유기물로 주목받았다. 현재는 현금인출기의 투명

터치패널이나 리튬전지의 전극 등에 이용되고 있다.

이온교환수지는 나트륨이온Na$^+$을 수소이온H$^+$으로, 염화이온Cl$^-$을 수산화이온OH$^-$으로 교환한다. 이것을 이용하면 전기나 동력을 사용하지 않고 바닷물을 민물로 바꿀 수 있다.

물질의 구조는 어떻게 결정될까?

– 천연물 화학의 발전

자연은 인간의 거울이자 목표이다. 합성화학의 목표 중 하나는 '천연물 합성'이다. 현재는 이론화학의 지식과 합성화학의 기술을 구사하면 어떤 천연물이든 합성할 수 있다고 생각되고 있다.

붉은 염료를 만들어 내는 '홍화'의 구조는?

천연물을 합성하기 위해서는 천연물의 분자구조를 알아야 한다. 현재는 분자구조를 결정하기 위한 다양한 분석 기기가 갖춰져 있어서, 이것을 사용해 올바르게 추론한다면 대부분의 분자구조를 결정할 수 있다.

만약 이 방법으로 잘 되지 않는다면 다른 방법도 있다. 먼저, 그 화합물을 결정으로 만든다. 단결정을 손에 넣는다면 단결정 엑스선 회절 분석기를 이용해 그 분자의 3D 사진을 촬영할 수 있다.

다만 이것은 21세기인 현재의 이야기이며, 100년 전에는 그런 분석 기기가 전혀 없었다. 그래서 현재 현역으로 활동하는 사람들은 이야기로만 들어 봤을 매우 원시적인 방법으로 분자구조를 결정했다. 어떤 방법이었을까?

홍화는 붉은빛 물감을 만드는 데 쓰인다. 그 붉은 염료인 '카타민'의

PART 7 영화인가, 전쟁인가? 실험 화학의 시대

분자구조가 어떠한지는 화학자뿐만 아니라 많은 사람의 관심사였는데, 그 구조가 처음으로 제안된 때는 1929년이었다. 카타민의 분자구조를 제안한 사람은 일본 도호쿠대학교 출신으로 일본의 화학 분야에서 최초의 이학박사였던 구로다 지카(1884~1968)로, 그 구조는 그림 7-4-1(A)과 같았다.

━━ 그림 7-4-1 ● **구로다 지카가 제안한 '붉은 염료'의 분자구조** ━━

(A)

그런데 그로부터 56년 후인 1985년에 이 구조가 뒤엎어졌다. 일본 야마가타대학교의 어느 연구자가 당시의 최첨단 분석 기기를 사용해 구조를 결정한 것이다. 올바른 구조는 그림 7-4-2(B)였다.

━━ 그림 7-4-2 ● **1985년에 결정된 '붉은 염료'의 분자구조** ━━

(B)

언뜻 보면 A와 B가 크게 다른 것 같지만, 사실 그다지 큰 차이는 없다. A는 B를 절반으로 자른 것일 뿐이다. 구로다 지카가 활동하던 시절에는 구조를 결정하는 데 여러 가지 반응을 사용했다. 아마도 그 반응 도중에 분자가 절반으로 파괴되어 버렸을 것이다. 과거에는 이런 일이 종종 있었다. 가령 Part4에 나온 아스피린도 살리신에서 포도당을 제거하려고 했을 때 산화가 일어나 살리실산이 만들어졌다.

이 결과는 오히려 구로다가 올바른 과정을 거쳐서 구조를 결정했음을 증명했다고도 볼 수 있을 것이다.

합성화학의 금자탑 '바이타민 B12'

천연물 중에는 구조가 복잡한 것들이 있다. 바이타민 B12는 그런 복잡한 구조로 유명한 화합물 중 하나로, 그 구조는 그림 7-4-3과 같다. 이 구조는 1956년에 단결정 엑스선 회절 분석을 통해 밝혀졌는데, 구조를 결정한 영국 옥스퍼드대학교의 도러시 호지킨(1910~1994)은 그 공적으로 1964년에 노벨 화학상을 수상했다.

── 그림 7-4-3 ● 바이타민 B12의 구조 ──

이 구조는 너무 복잡한 까닭에 합성은 불가능하다고 여겨졌다. 그런데 바이타민 B12의 전합성Total Synthesis에 성공한 과학자가 나타났다. 미국 하버드대학교의 로버트 우드워드(1917~1979)와 스위스 취리히공과대학교의 알버트 에센모저(1925~)가 1972년에 실험실에서 합성에 성공한 뒤 1973년에 논문을 발표한 것이다. 바이타민 B12의 합성은 합성화학의 금자탑으로 불린다.

우드워드는 합성화학에서의 다양한 공적으로 1965년에 노벨화학상을 수상했다. 그는 20세기 최고의 유기화학자로 불린다. 사실 우드워드는 이후 두 번째 노벨화학상을 받을 만한 업적을 남겼다. 바로 이론 유기화학의 금자탑으로도 불리는 '전자궤도의 대칭성 보존의 법칙', 이른바 '우드워드 · 호프만법칙'이다. 유기화합물의 열 · 빛 반응에서의 입체특이성을 궤도함수의 대칭성을 이용해서 해명한 것으로, 그때까지 설명이 되지 않았던 현상을 명쾌하게 설명해 주었다.

받지 못한 두 번째 노벨상

이 이론에 관여한 세 화학자인 일본의 후쿠이 겐이치(1918~1998)와 미국의 로알드 호프만(1937~), 로버트 우드워드 중 두 명은 1981년에 노벨상을 받았지만, 우드워드는 수상자에서 제외되었다. 노벨상은 살아 있는 사람에게만 수여되는데, 그가 1979년에 세상을 떠났기 때문이다. '오래 사는 것도 실력'이라는 말이 있는 것은 이런 일도 일어나기 때문이 아닐까 싶다.

만약 이때 그가 살아 있었다면 노벨화학상을 2회 수상한 최초의 인물이 되었을 것이다. 마리 퀴리는 노벨상을 2회 수상했지만 물리학상과 화학상을 각각 1회씩 받은 것이었으며, 미국의 화학자 라이너스 폴링(1901~1994)은 화학상과 평화상을 1회씩 수상했다. 또 미국의 물리학자 존 바딘(1908~1991)은 물리학상을 2회 수상했다. 아인슈타인은 1회 수상에 그쳤는데, 의외로 생각되겠지만 '상대성이론'이 아니라 '광전효과'에 관한 공로로 수상했다.

7-5 하나의 분자로 만들어진 자동차가 자유롭게 달린다

- 초분자 화학

고분자는 단량체가 '공유결합으로 결합한 것'이었는데, 단량체가 '단순히 모여 있을 뿐인 집합체'도 있다. 분자와 분자 사이에 끌어당기는 힘을 분자 간 힘이라고 부르며, 분자 간 힘으로 연결된 분자 집단을 분자를 초월한 분자라는 의미에서 '초분자'라고 부른다.

우리 주변에서 자주 볼 수 있는 초분자로는 비눗방울이 있다. 비눗방울은 비누 분자가 모여서 막(분자막)을 만들고, 그 막 두 장이 합쳐진 2분자막으로 구성된 주머니 속에 공기가 들어 있는 것이다.

비누 분자의 막과 막 사이에는 물 분자가 끼어 있다. 비누 분자 사이

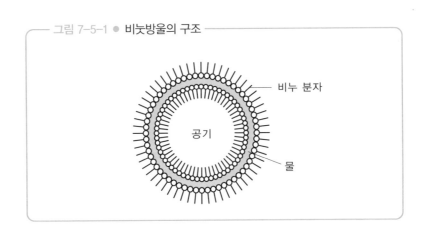

── 그림 7-5-1 ● 비눗방울의 구조 ──

비누 분자

공기

물

에는 결합이 없기 때문에 비눗방울이 터지면 비누 분자와 물 분자는 원래의 상태인 비눗물로 돌아간다.

크라운에테르를 이용한 금속 추출

그 밖에 유명한 초분자로는 '크라운에테르'가 있다. 크라운에테르의 '크라운crown'은 왕관이고, '에테르ether'는 탄소화합물이 산소 원자로 연결된 구조를 가리킨다. 즉 크라운에테르는 그림 7-5-2와 같은 고리 모양의 에테르 분자이다.

—— 그림 7-5-2 ● 고리 모양의 크라운에테르

12-크라운-4   15-크라운-5

(12: 총 원자 수
  4: 산소 원자 수)

그런데 '고리 모양'이라고 말은 했지만, 이 구조를 입체적으로 보면 산소 원자가 구부러져 있기 때문에 마치 왕관처럼 보인다. 그래서 '크라운'이라는 이름이 붙은 것이다.

이 분자에서 중요한 것은 전자를 끌어당기는 힘이 큰 산소 원자가 여기저기에 존재한다는 것이다. 그래서 산소 원자가 (−)전하를 띠고, 탄소

부분은 (+)전하를 띤다. 여기에 (+)전하를 띤 금속이온 M+가 오면 M+는 마치 크라운에테르에 안기듯이 고리 안에 쏙 끼워진다. 이 성질을 이용하면 수용액 속의 각종 금속이온에서 특정 금속이온만을 선택적으로 뽑아낼 수 있다.

크라운에테르의 크기(고리의 지름, 산소 원자의 수)는 자유롭게 설계할 수 있다. 금속이온은 자신의 지름에 맞는 안지름의 크라운에테르와 가장 강하게 결합한다. 요컨대 나트륨이온Na+ 같은 이온을 회수하고 싶을 때는 작은 크라운에테르를, 우라늄이온U6+ 같은 큰 이온을 회수하고 싶을 때는 큰 크라운에테르를 사용하면 되는 것이다.

원자력발전이 에너지 고갈과 관계가 없다고 생각한다면 그것은 큰 오해이다. 우라늄의 가채연수(앞으로 그 자원을 몇 년이나 캐낼 수 있는지 예상하는 연수–옮긴이)는 100년 정도에 불과하다. 석탄보다 일찍 고갈되는 것이다. 다만 이것은 광산에서 채굴하는 우라늄만의 이야기이다. 바닷물에도 우라늄이 녹아 있으므로 광산에서 채굴이 어려워진다면 바닷물에서 채취하는 방법을 검토할 필요가 있을지도 모르며, 그때는 크라운에테르가 큰 힘이 되어 줄 것이다.

1분자 자동차

하나의 분자로 구성된 자동차가 있다고 하면 여러분은 믿겠는가? 사실은 정말로 존재한다. 그림 7-5-3의 분자가 바로 1분자 자동차로, 물론 실제로 합성된 분자이다. 이 자동차는 C60 풀러렌으로 만들어진 바퀴 4개가 회전함으로써 앞으로 나아간다.

실험에서는 이 1분자 자동차를 금Au의 결정 위에 올려놓고 어떻게 이

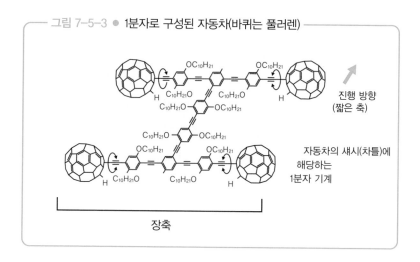

그림 7-5-3 ● 1분자로 구성된 자동차(바퀴는 풀러렌)

OC₁₀H₂₁ 형태의 라벨들이 그림에 포함됨

진행 방향
(짧은 축)

자동차의 섀시(차틀)에
해당하는
1분자 기계

장축

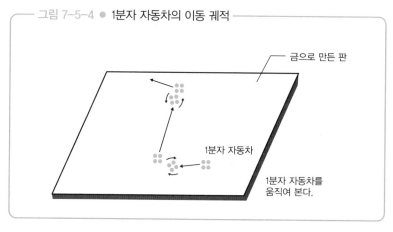

그림 7-5-4 ● 1분자 자동차의 이동 궤적

금으로 만든 판

1분자 자동차

1분자 자동차를
움직여 본다.

동하는지 관찰했다. 그림 7-5-4는 이때 바퀴의 이동 궤적을 나타낸 것이다. 화살표를 보면 알 수 있듯이, 차체는 바퀴의 진행 방향으로 나아간다. 이것은 1분자 자동차가 금속 표면을 미끄러지면서 이동하는 것이 아니라 바퀴를 회전시켜서 이동하고 있음을 보여 준다. 또한 진행 방향을 바꿀 때는 그에 맞춰 바퀴를 회전시키고 있음도 알게 되었다.

1분자 자동차의 레이스

안타깝게도 이 1분자 자동차에는 동력이 없기 때문에 자신의 힘으로는 주행하지 못한다. 그러나 최근에는 결합의 열 신축과 열 회전을 이용해 자신의 힘으로 달리는 1분자 자동차가 개발되고 있다. 게다가 그런 자동차만이 참가할 수 있는 꿈의 레이스가 2017년 4월에 프랑스의 툴루즈에서 열렸다.

이 레이스에는 전 세계에서 6대가 참가했는데, 규정 시간 동안 주행한 거리를 경쟁하는 형식으로 실시된 이 대회에서 공동 1위는 29시간 동안 1,000nm($1nm = 10^{-9}m$)를 달린 미국-오스트리아 팀과 6시간 30분 동안 133nm를 달린 스위스 팀, 2위는 43nm를 달린 미국 팀, 3위는 11nm를 달린 독일 팀으로 팀마다 커다란 격차가 있었다. 일본 팀과 프랑스 팀은 문제가 발생해 경기 도중에 기권하고 말았다. 이 레이스는 앞으로도 정기적으로 개최된다고 한다.

초분자의 세계는 현재 여기까지 발전했다. 현대 화학은 불안정해서 존재할 수 없음이 이론적으로 증명된 분자가 아닌 이상은 어떤 분자든 만들 수 있게 되었다. 여기까지 진보해도 되는지 불안해질 정도이다.

이쯤에서 잠시 멈춰서 볼 필요도 있을지 모른다.

7-5 하나의 분자로 만들어진 자동차가 자유롭게 달린다

198

Part
8

유전자가 여는
생명 화학

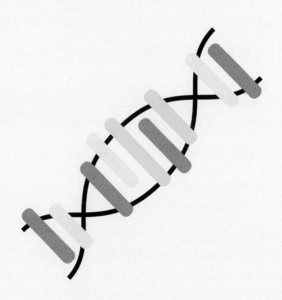

8-1 '생물'이란 결국 무엇인가?

- DNA의 이중나선

우리는 벌레나 물고기, 식물 등은 '생물(생명체)'이라고 부른다. 그러나 '무엇이 생물인가?'라는 근본적인 문제에는 의외로 둔감하다. 벌레나 물고기 등 자발적으로 움직이는 것은 당연히 생물이다. 그리고 자발적으로 움직이지 못하는 식물도 '생물'로 여긴다. 그렇다면 눈에 보이지 않는 세균이나 바이러스는 어떨까? 이들도 생물이라고 할 수 있을까? 생각할수록 끝이 없는 생물에 대해 알아보자.

생물의 특성

생물이란 무엇일까? 생물이 가지고 있는 특성은 무엇일까? 생물학적인 관점에서 바라봤을 때, 그 특성은 다음과 같다.

① 세포로 구성되어 있다.
② 생명현상을 유지하기 위해 물질을 합성하거나 분해하는 물질대사가 일어난다.
③ 발생과 생장을 한다.
④ 자극에 대해 반응함으로써 항상성이 있다.
⑤ 생식을 하며, 어버이의 형질은 자손에게 유전된다.
⑥ 환경에 적응해 가면서 새로운 종으로 진화한다.

우리 인간을 포함해 동물, 식물, 미생물은 모두 이 조건을 충족한다. 문제는 바이러스이다. 바이러스는 DNA나 RNA를 갖고 있으며, 그것을 사용해서 발생과 생장을 한다. 그러나 숙주에게 기생함으로써 숙주의 영양분을 빼앗아서 사용한다. 또한 세포막이 없고 단백질로 구성된 외피 속에 DNA나 RNA를 넣어 두고 있다. 요컨대 바이러스에는 일부 생물적 특성이 존재하기도 하지만, 비생물적 특성도 존재한다.

핵산이란 무엇인가?

핵산은 유전의 본질로서, 유전정보를 적은 유전 지령서로 불린다.

• 백혈구 속에서 '핵산'을 발견하다

핵산을 발견한 사람은 스위스의 생화학자인 요한 프리드리히 미셰르 (1844~1895)이다. 그는 병원에서 나오는 의료폐기물인 붕대에 묻은 고름에서 백혈구를 모아 그 구조를 연구하고 있었다. 생물의 세포에는 핵이 있지만, 혈액세포 중에서 핵이 있는 것은 백혈구뿐이며, 적혈구나 혈소판에는 핵이 없다.

1869년, 미셰르는 그 핵의 구조를 조사하는 과정에서 단백질 이외에 인과 질소를 많이 함유한 물질을 발견하고 뉴클레인이라고 이름 붙였다. 그는 이 뉴클레인의 기능을 '인을 저장하는 것' 정도로만 생각했지만, 이것이야말로 유전학의 전개로 이어지는 중요한 발견이었다.

훗날 뉴클레인에서 핵산이 분리되어 성분이 자세히 밝혀지게 된다.

· DNA의 구조 분석

1943년, 비병원성 폐렴구균이 병원성 폐렴구균으로 변이하도록 만드는 원인 물질, 다시 말해 유전물질이 무엇인지에 관해 연구하던 미국의 생물학자인 오즈월드 에이버리(1877~1955)는 그 유전물질이 단백질이 아니라 뉴클레인에 들어 있는 핵산, 즉 DNA임을 밝혀냈다.

그 후 유전자의 본체인 DNA의 구조를 해명하기 위해 수많은 연구자가 경쟁을 벌였고, 그 결과 DNA는 'A, C, G, T'라는 네 개의 기호로 표시되는 네 종류의 염기가 고유의 순서로 결합한 고분자임이 밝혀졌다. 그리고 상호 보완 관계에 있는 두 개의 DNA 고분자 사슬로 구성된다는 사실도 밝혀졌지만, 두 개의 고분자 사슬이 어떤 관계인지는 좀처럼 밝혀지지 않았다. 그런데 1953년에 영국의 제임스 왓슨(1928~)과 프랜시

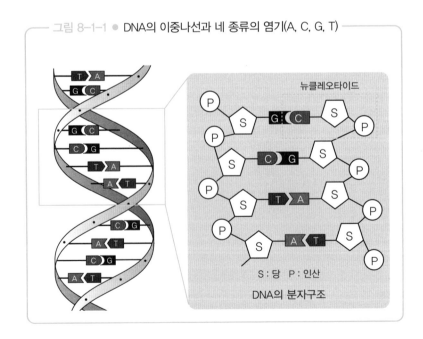

── 그림 8-1-1 ● DNA의 이중나선과 네 종류의 염기(A, C, G, T) ──

뉴클레오타이드

S : 당   P : 인산

DNA의 분자구조

스 크릭(1916~2004)이 엑스선 해석 기법을 사용해 DNA의 이중나선 구조를 밝혀냈다.

당시 DNA가 유전물질임은 이미 밝혀져 있었다. 다만 단순한 물질인 DNA가 복잡한 유전정보를 담당한다는 생각에 대해서는 비판도 많았으며, '단백질이야말로 유전물질일 것'이라는 의견도 뿌리 깊게 남아 있었다. 그러나 연구가 진전됨에 따라 이중나선 모형을 통해서 유전이 DNA의 복제로 일어난다는 사실과 염기서열이 유전정보를 담당하고 있다는 사실을 증명할 수 있게 되었고, 이것은 이후의 분자생물학 발전에도 결정적인 영향을 끼쳤다.

그리고 왓슨과 크릭은 이 연구에 대한 공로로 영국의 모리스 윌킨스(1916~2004)와 함께 1962년 노벨생리의학상을 수상했다.

- 키메라의 탄생

유전을 관장하는 신비한 물질이 'DNA'라는 고분자임을 알게 되자, 화학자들의 관심사는 이 DNA를 수정하면 어떻게 될 것인가에 집중되었다. 신의 영역에 발을 들여놓으려 한 것이다.

유전자재조합

유전자, DNA를 조작하는 학문을 보통 '유전자공학'이라고 한다. 유전자공학에는 여러 분야가 있는데, 유전자를 가장 대규모로 수정하는 것은 '유전자재조합'이라고 할 수 있다.

· 자연계의 유전자재조합인 교배의 한계?

유전자재조합은 그 이름처럼 A라는 생물과 B라는 생물의 유전자를 재조합하는 것이다. 구체적으로는 A라는 생물의 DNA 중 일부를 잘라내 B라는 생물의 DNA에 이어 붙인 후, 이를 증식하거나 여기에서 나오는 산물을 얻는 것이다.

사실 이것은 옛날부터 '교배'라는 이름으로 실시되어 왔던 기술이다. 그러나 교배에는 한계가 있다. 자연계에서의 유전자재조합에 해당하는 교배는 종을 초월하지 못한다는 것이다. 개와 고양이를 교배해 새끼를 낳게 할 수는 없다.

그러나 유전자재조합에는 그런 '한계'가 없다. 그것이 성체까지 성장할지는 둘째치고, DNA는 고분자일 뿐이다. 어떤 고분자에 다른 고분자를 이어 붙이는 작업은 전혀 어려운 일이 아닌 것이다.

· 키메라의 탄생은 병원체?

그리스신화에는 머리는 사자, 몸통은 양, 꼬리는 뱀이나 용의 모양을 한 '키메라'가 등장한다. 동양에도 상반신은 인간이고 하반신은 물고기인 인어에 관한 이야기가 전해져 내려온다.

유전자재조합은 키메라를 만들어 낼 가능성이 있다. 깜짝 놀랄 만큼 기괴한 모습의 생물은 아니더라도 지금까지 자연계에 존재한 적이 없었던 유전자를 가진 생물이 탄생하는 것이다. 그런 생물이 어떤 성질을 지니고 있을지는 아무도 알 수 없다. 만들어진 뒤에, 그 생물이 탄생한 뒤에 비로소 알 수 있다.

만약 그 생물이 독성을 지니고 있으며, 게다가 번식력이 강하다면 이것은 엄연한 병원체이다. 전혀 새로운 감염성질환이 탄생하는 것이다.

· 제한과 감시

이런 일이 일어나 버리면 돌이킬 수 없게 된다. 그래서 각국은 유전자재조합의 이용은 물론이고 실험에도 제한을 설정하며, 허가제를 도입해서 그 제한을 넘어서지 않도록 감시하고 있다.

예를 들어 세계에서 허가되고 있는 유전자재조합 중 작물과 관련된 경우, 병에 강하고, 해충에 강하며, 가뭄에 강하고, 그러면서도 많은 양을 수확할 수 있고 맛도 좋은 작물을 만들기 위해 유전자재조합을 실시하고 있다.

혹은 강력한 제초제를 개발하고, 그 제초제에 강한 작물을 유전자재조합으로 만들어 낸다. 이 '제초제와 그 제초제에 강한 작물의 종자'의 세트는 강력한 판매 수단이 된다.

일본에서는 유전자재조합 작물을 만드는 것도 재배하는 것도 허가하지 않는다. 그러나 외국에서 재배한 유전자재조합 작물은 8개 품종에 한해 수입을 허가하고 있다. 현재 이 작물 때문에 건강 피해가 일어났다는 보고는 없다.

유전자편집과 유전자재조합은 어떻게 다를까?

유전자편집이란 유전자공학 기술의 일종이다. 그렇다면 '편집'과 '재조합'은 무엇이 다를까? 편집에는 '다른 생물의 유전자를 사용하지 않는다'는 한정 조건이 붙는다. 그래서 키메라가 생겨날 가능성은 전혀 없다.

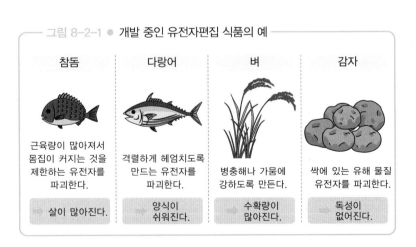

그림 8-2-1 ● 개발 중인 유전자편집 식품의 예

참돔 — 근육량이 많아져서 몸집이 커지는 것을 제한하는 유전자를 파괴한다. ➡ 살이 많아진다.

다랑어 — 격렬하게 헤엄치도록 만드는 유전자를 파괴한다. ➡ 양식이 쉬워진다.

벼 — 병충해나 가뭄에 강하도록 만든다. ➡ 수확량이 많아진다.

감자 — 싹에 있는 유해 물질 유전자를 파괴한다. ➡ 독성이 없어진다.

구체적으로 말하면, 유전자편집에서 할 수 있는 것은 유전자의 배열 순서를 바꾸거나 어떤 유전자를 제거하는 조작이다. 일본에서는 유전자편집을 한 도미가 판매를 시작했다고 한다. 도미의 DNA에는 근육량을 '어느 정도 이상으로 키우지 않는다'는 유전자가 들어 있다고 한다. 그래서 이 유전자를 제거해 근육으로 가득한 도미를 만들자는 것이다.

　이 경우 살의 양은 늘어나지만, 그 살이 맛이 있을지 어떨지는 알 수 없다. 또 이렇게 덩치를 불린 도미가 자연환경의 바다에 놓인다면 다른 작은 물고기들은 어떻게 될까? 블랙배스나 블루길 같은 외래종과 토착종 간의 문제가 일어날 가능성도 있다. 유전자공학에는 항상 이런 문제가 따라붙는다.

8-3 면역이 발동하는 메커니즘을 해명한 역사

– 면역-항체 반응

생물의 몸은 매우 복잡하고 정교하게 만들어져 있다. 세균과 바이러스 등의 외적이 침입하면 병에 걸리지만, 하릴없이 당하기만 하지는 않는다. 외적에 맞서 싸우고 물리치기 위한 시스템을 갖추고 있다. 이 시스템을 면역이라고 한다. 면역은 몇 겹으로 둘러쳐진 정교한 방어 시스템이다.

현대의 면역학

면역 시스템의 해명은 현재 어느 정도까지 진행되었을까? 잠시 살펴보자.

· 면역 담당 세포의 중심은 '백혈구와 소장, 대장'

면역 시스템을 구축하는 것은 '면역 담당 세포'로 불리는 특수한 세포군이다. 일반적으로 백혈구라고 부르는 것이 면역 담당 세포로, 혈액이나 림프액 속에 존재한다.

백혈구 가운데 가장 많은 것은 백혈구 전체의 60~70%를 차지하는 과립구이다. 그리고 과립구의 대부분은 호중구이다. 호중구는 면역세포 중에서는 가장 하위에 속하는 것으로, 생각하며 행동하지 않는다. 요컨대 항원(외부 병원체)의 종류와 상관없이 항원이 보이기만 하면 무엇이든 먹어 치운다.

면역계는 혈액 성분의 활동이므로 혈액이 있는 곳이라면 몸속 어디에나 존재한다. 다만 면역계가 주로 활동하는 기관이 있다. 바로 소장과 대장이다. 대부분의 병원체는 입을 통해서 들어와 소장과 대장을 통해 몸속으로 침입한다. 이런 침입자들로부터 몸을 지키기 위해 소장과 대장에는 면역 담당 세포의 60% 이상이 존재한다고 알려져 있다.

· 항원과 항체

외부에서 몸속으로 침입해 면역반응을 일으키는 이물질을 항원이라고 한다. 그리고 항원에 대항하여 체내에서 만들어지는 물질을 항체라고 하며, 면역 담당 세포는 항체를 단서로 삼아 항원을 공격한다.

항원이 침입하면 면역 담당 세포가 항체를 분비하고, 그것이 항원과 결합한다. 이 반응을 항원항체반응이라고 부르며, 그 결과 생성된 결합체를 '항원항체복합체'라고 한다. 이 복합체를 호중구나 대식세포 같은 식세포가 인식해 먹어 치움으로써 몸속에서 제거해 버린다. 또한 세포독성 T림프구 등의 면역세포가 표적으로 인식해 공격을 개시한다.

· B림프구가 하는 일(체액성면역)

B림프구가 하는 일은 항원에 항체를 붙이는 것이다. 항체라는 꼬리표가 붙은 항원은 식세포에 잡아먹힌다. 이런 면역 시스템은 주역인 항체가 혈장 등의 혈액 속에 존재하는 까닭에 특히 체액성면역이라고 부른다. 항체를 매개체로 항원과 결합한 B림프구는 형질세포가 되어 같은 항체를 대량으로 생산한다.

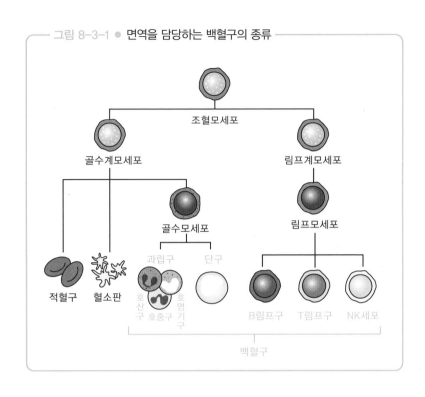

그림 8-3-1 ● 면역을 담당하는 백혈구의 종류

조혈모세포

골수계모세포

림프계모세포

골수모세포

림프모세포

과립구   단구

호산구   호염기구
    호중구

적혈구   혈소판

B림프구   T림프구   NK세포

백혈구

일반적으로 B림프구가 형질세포로 변화해 특정 항체를 생산하게 되려면 7~10일 정도의 기간이 필요하다. 이때 B림프구는 형질세포와 함께 기억세포로도 분화한다. 일단 생긴 기억세포는 병이 나았다고 해서 사라지지 않는다. 항원이 제거된 뒤에도 기억세포는 몸속에 계속 남아 있는 것이다.

그리고 이후에 같은 항원이 침입하면 이 기억세포가 빠르게 증식하고 형질세포로 분화해 즉시 대량의 항체를 생산해 항원을 공격한다. 이는 병을 치료하기도 하지만 때로는 알레르기의 원인이 되며, 심할 때는 아나필락시스가 된다. 좀도둑이 침입했는데 군대가 출동한 것이라고나 할까? 그 결과 몸이 쑥대밭이 되어 버리는 것이다.

• T림프구가 하는 일(세포성면역)

T림프구는 항원을 소총으로 저격하는 스나이퍼(저격수) 같은 세포이
다. T림프구에는 몇 종류가 있는데, 가장 대단한 것은 세포독성 T림프구
이다. 세포독성 T림프구는 꼬리표(항체)를 붙인 세포라면 병원체는 물론
이고 암세포 등에도 들어가서 파괴해 죽일 수 있는 강력한 세포이다. 이
런 면역은 면역 담당 세포를 통한 것이기에 세포성면역이라고 한다.

면역학의 역사

우리 인간은 한 번 걸린 병에 두 번은 걸리지 않는다(걸리는 일이 적
다)든가 설령 걸리더라도 가벼운 증상으로 끝난다는 사실을 경험으로 알
고 있었다.

• 면역의 메커니즘은 어떻게 되어 있을까?

14세기의 유럽에서 페스트가 크게 유행했을 때, 수도사들이 페스트
환자의 간호 등을 담당했다. 당연하지만 그 과정에서 페스트에 걸리는
수도사들이 생겼는데, 개중에는 기적적으로 회복한 사람도 있었다. 그리
고 이들은 그 후 페스트 환자와 접촉해도 다시 페스트에 걸리지 않았다.

이것은 천연두도 마찬가지여서, 이미 살펴봤듯이 에드워드 제너가
18세기에 우두 접종을 통한 천연두 예방법을 개발했다. 그리고 프랑스의
화학자인 루이 파스퇴르(1822~1895)가 제너의 천연두 백신의 메커니즘
을 과학적으로 분석했다. 파스퇴르는 독성을 약화시킨 미생물을 접종하
면 면역을 얻을 수 있다는 사실을 밝혀냈다.

• 면역 시스템을 해명한 기타자토 시바사부로와 도네가와 스스무

1889년, 일본의 기타자토 시바사부로(1853~1931)는 파상풍균의 독소를 무력화하는 '항체'를 발견하고 혈청 요법을 확립했다. 그리고 백신 접종을 통해 몸이 획득하는 면역의 정체가 혈중 단백질의 항체에서 비롯되는 것임을 밝혀냈다.

또한 러시아의 일리야 메치니코프(1845~1916)는 면역의 본질이 혈액 속의 식세포와 항체 방어 양쪽의 활동에 있다고 생각했으며, 1908년에 식세포작용을 연구한 업적으로 노벨생리의학상을 수상했다.

B림프구의 신기한 점은 어떤 항원에 대해서든 정확히 들어맞는 항체를 만든다는 것이다. 그 종류는 100억 가지가 넘는다고 하며, 이 '항체

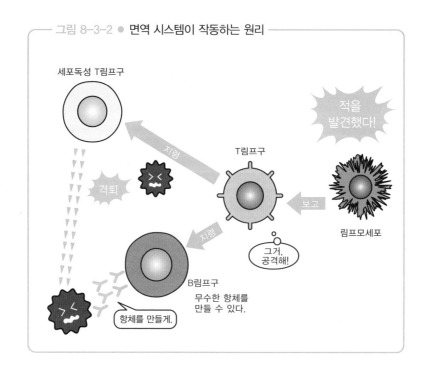

그림 8-3-2 ● 면역 시스템이 작동하는 원리

다양성의 수수께끼'는 기타자토의 시대부터 해결되지 않고 있었는데, 훗날 일본의 도네가와 스스무(1939~)가 이 수수께끼를 해결했다. 유전자 정보는 DNA에 적혀 있으며 평생 그 형태가 변하지 않기 때문에 마치 지문처럼 그 사람을 특정하는 결정적인 요소로 생각되고 있다. 그러나 도네가와는 'B림프구만은 자신의 항체 유전자를 자유롭게 재조합해 무수한 이물질에 대응하는 무수한 항체를 만들 수 있다'는 사실을 증명했다.

여담이지만, 도네가와는 1987년 노벨생리의학상의 수상이 결정되었을 때 선배 연구자가 보낸 축전을 지금도 생생하게 기억하고 있다고 한다. 그 전보에는 이렇게 적혀 있었다.

"기타자토가 시작한 것을 자네가 완결시켰군."

제너의 종두법에서 시작된 면역학은 현재 폭넓게 발전해, 생명현상을 이해할 뿐만 아니라 전염성질환으로부터 사람들을 보호하는 보루로서 없어서는 안 될 과학이 되어 가고 있다.

인류가 손에 넣은 새로운 백신

- mRNA 백신

    2019년 말에 발생한 코로나19covid-19는 순식간에 전 세계로 확산했고, WHO(세계보건기구)는 2020년 3월에 팬데믹(전염병의 세계적 대유행)을 선언했다. 그 후에도 코로나19의 기세는 꺾이지 않고 있으며, 여기에 알파, 베타, 감마, 오미크론 등 변이를 거듭하며 감염 강도를 높여 왔다. 2022년 2월 17일 현재 전 세계에서 누계 4억 1800만 명이 감염되었고, 585만 명 이상이 사망했다.

바이러스에 효과가 있는 약

    일반적으로 바이러스에는 효과적인 약이 적은 것이 현실이다. 세균에는 효과가 좋은 항생물질도 바이러스에는 효과가 없다. 이것은 이미 이야기했듯이 바이러스에는 세포막이 없기 때문이다. 그렇다면 의지할 수 있는 것은 '백신 접종을 통한 예방'뿐이지만, 일반적으로 새로운 백신을 개발하려면 10년 정도가 걸린다.

    그런데 모두가 알고 있듯이 코로나19용 백신은 단기간에 개발되었다. 신형 코로나바이러스가 발생한 지 약 1년 반 만이라는, 유례를 찾기 힘든 속도였다. 게다가 대량으로 생산되어 전 세계에서 백신 접종이 실시되었다.

이와 같은 신속한 대응을 어떻게 해석해야 할까? 그 비밀은 'mRNA 백신'이라는 그전까지 사용된 적이 없었던 신형 백신과 관계가 있다. 이것은 어쩌면 인류와 병원체의 싸움이 새로운 단계에 접어들었다는 신호일지도 모른다.

RNA란 무엇일까?

핵산에는 DNA와 RNA가 있다. DNA는 모세포에서 보낸 유전정보를 저장하며, RNA는 DNA를 받은 딸세포가 그것을 바탕으로 스스로 만든 핵산이다.

DNA에서 실제로 유전정보가 저장된 유전자는 전체의 5% 정도에 불과한 것으로 알려져 있다. 나머지 95%는 정크(쓰레기) DNA로 불린다. RNA는 이 유전자 부분만을 이어 붙인 핵산인 것이다.

딸세포가 활동을 시작해 스스로 독자적인 단백질을 합성할 때, 전면에 나서서 활약하는 것은 DNA가 아니라 RNA이다. RNA에는 몇 종류가 있으며, 그중 널리 알려져 있는 것은 메신저RNA(mRNA)와 운반RNA(tRNA)이다.

mRNA는 유전자를 이어 붙인 핵산으로, DNA의 중요 부분을 가지고 있다. 요컨대 mRNA는 실질적인 단백질의 설계도이다. 한편, tRNA는 단백질의 제조 공장(세포 내)에 단백질의 원료인 아미노산 중에서 mRNA가 지시한 것을 가져가는, 이른바 아미노산 운반 담당이다.

mRNA 백신이란 무엇일까?

mRNA 백신은 mRNA를 이용해서 면역반응을 일으키는 백신을 가리킨다. 일반적인 백신은 병원체를 약화시킨 것(생백신)이거나 병원체의 시체(불활화백신), 혹은 병원체가 분비하는 독소의 독성을 제거하고 항원성만 남긴 것(톡소이드 백신)을 본체로 사용한다. 반면에 mRNA 백신의 본체는 화학적으로 합성한 mRNA이다. mRNA 백신이 세포 속에 들어가면 백신의 mRNA가 세포에 작용함으로써 본래는 항원인 신형 코로나바이러스가 생산해야 할 단백질을 세포가 만들게 한다. 즉, mRNA는 세포에게 스스로 항원을 만들게 하는 것이다.

누가 만들었든 항원은 항원이므로 생체의 면역계는 이 항원에 대항하는 항체를 만들어 면역 체제를 갖추게 된다. 이것이 mRNA 백신의 기능이다.

mRNA 백신의 장점과 단점

mRNA 백신의 장점은 화학합성을 통해서 만들 수 있다는 것이다. 요컨대 발효 등과 같이 미생물에게 맡기는 것이 아니라 100% 인공 합성으로 만들기에 설계도 생산도 인간이 통제할 수 있다. 그래서 다음과 같은 이점이 있다.

① 생산 속도의 가속, 생산 비용의 절감이 가능하다.

② 세포성면역과 체액성면역의 양쪽을 유도할 수 있다.

물론 단점도 있다. 그것은 mRNA가 파괴되기 쉽다는 것이다. 그렇기 때문에 극저온 상태에서 보존하고 유통해야 한다.

mRNA 백신의 탄생은 백신의 승리라고 해도 과언이 아닐 것이다. 제너 이래 200년이라는 역사를 가진 백신이 완전히 새롭게 변화한 것이다. 21세기의 백신은 이번의 백신 작전을 선례로 삼아 더욱 발전해 나갈 것이다. 이로써 인류는 병마와 맞서 싸울 또 하나의 효과적인 수단을 손에 넣었다.

8-5 우려되는 군사적 이용과 생명윤리

- 인공 생명체

"생명체를 만드는 것은 신에게만 허락된 행위이며, 인간이 발을 들여놓아서는 안 되는 영역이다." 사람들은 오랫동안 이렇게 말해 왔다. 그런데 정말 그럴까? 생명체는 그렇게 대단한 것일까? 물론 프랑켄슈타인의 괴물(자유롭게 움직이고 생각할 수 있는 피조물) 같은 것을 만든다면 큰일일 것이다.

그러나 앞에서 살펴본 생물의 여섯 가지 특성, 즉,

① 세포로 구성되어 있다.

② 생명현상을 유지하기 위해 물질을 합성하거나 분해하는 물질대사가 일어난다.

③ 발생과 생장을 한다.

④ 자극에 대해 반응함으로써 항상성이 있다.

⑤ 생식을 하며, 어버이의 형질은 자손에게 유전된다.

⑥ 환경에 적응해 가면서 새로운 종으로 진화한다.

를 충족시키는 정도의 생명체를 만들 뿐이라면 그리 큰일은 일어나지 않을 것처럼 생각된다.

인공 생명체에는 두 가지 개념이 있다. 첫째는 인공세포이고, 둘째는 인공 DNA이다.

DNA는 생명 자체라고 생각할 수도 있다. 고양이의 배아세포의 DNA를 개의 배아세포의 DNA와 바꾼다면 무엇으로 성장하겠느냐는 것이다.

인공세포의 디자인

세포막은 초분자(Part7 참조)이기 때문에 원료가 되는 양친매성 분자(물과 기름에 모두 친화적인 분자—옮긴이), 즉 인지질을 준비하면 저절로 모여서 막이 되어 준다. DNA나 RNA는 단순한 고분자이므로 'A, C, G, T'의 네 가지 단위 분자만 갖춘다면 어떤 핵산이든 원하는 대로 만들 수 있다.

문제는 영양분의 자기 섭취인데, 이를 위해서는 대사 시스템을 구축해야 하며 그러려면 상당한 효소군이 필요하기에 굉장히 어려울 것이다. 그래서 이 부분은 기존의 생체로부터 빌린다. 즉, 기생생물 같은 것이라면 별다른 문제 없이 만들 수 있을 듯하다.

가장 큰 문제는 윤리적인 문제가 아니라 이렇게 해서 만든 인공 생명체에 독성이 있고 그것이 증식을 시작했을 경우의 피해를 생각해야 한다는 점이다.

초분자 나노 머신을 통해서 바라본 인공세포

인공세포는 인공 생명체의 관점에서 바라볼 수도 있지만, 단순한 초분자의 관점에서 바라볼 수도 있다. 이 관점에서 바라봤을 경우, 인공세포는 단순한 초분자 나노 머신에 불과하다. 실제로 외부에서 에너지를 얻고 환경으로부터 자신의 구성 요소를 받아들여 자기 복제적으로 분열하는 것에 관한 연구는 상당히 진행되어 있다고 한다.

미래에는 앞에서 살펴본 1분자 자동차 같은 '나노 머신 기술'의 일환으로써 특정 기능을 갖춘 인공 단세포생물이 만들어져 의료 분야에서 활약할 것으로 기대되고 있다.

또한 특정 물질을 분해하거나 독성을 없애는 기능을 지닌 인공 미생물을 만들어 환경보전에 활용하는 방법도 멀지 않은 미래에 실현될 것이라고 한다. 장기적으로는 소정의 분자구조를 가진 생산물(연료용 알코올에서 의약품까지 다양한)을 가져다줄 것으로도 기대되고 있다.

다양한 인공 DNA가 만들어지고 있다

2003년에는 인공 DNA를 단백질 캡슐에 집어넣은 '인공 바이러스'의 합성에 성공했다. 다만 엄밀히 말하면 바이러스는 생명체로 인정되지 않기 때문에 완벽한 인공 생명체를 탄생시킨 것은 아니다.

이 연구는 미국의 대체 바이오 에너지 연구소가 1200만 달러의 예산으로 2002년부터 실시하고 있는 연구의 일부로, 5,386개의 염기쌍을 가진 것이었다고 한다. 연구의 목적은 이 바이러스가 대체 에너지원이 되는 분자를 합성하게 만드는 것으로 알려져 있다.

2010년, 미국의 크레이그 벤터(1946~)가 이끄는 팀은 미코플라스마의 유전자를 나타내는 거의 완전한 DNA를 효모 속에서 합성했다. 그리고 이 합성 DNA를 본래의 DNA가 제거된 근연종 세균의 세포에 이식함으로써 자립적으로 증식하는 인공 세균을 만드는 데 성공했다. 연구자들은 이 방법의 경우 분열의 이전 단계에서는 천연 세균의 세포에 의지하지만 두 번째 세포분열 이후의 세균은 인공적으로 합성된 생물로 해석하

정보

고 있다.

그리고 2016년, 벤터는 세계 최초의 인공 생명체가 탄생했다고 발표했다. 생존에 반드시 필요한 473개의 유전자만으로 구성된 DNA를 가진 신규 생명체라고 한다. 이 미생물은 생존에 필요한 최소(미니멀)의 유전자로 구성되어 있다고 해서 '미니멀 셀'로 이름 붙여졌다.

인공 생명체의 과제

새로운 생명은 사회적, 그리고 윤리적으로 수많은 과제를 안고 있다.

첫째는 군사적 이용이다. 합성 생물은 다양한 활용이 가능하다. 생산성이 높은 농작물이나 백신의 생산 등 평화적인 이용이 기대되지만, 만약 이 기술이 군사적으로 이용된다면 그 위협은 헤아릴 수 없는 수준이 될 것이다.

둘째는 생명윤리의 문제이다. 유전자 합성의 대상은 현시점에서 미생물의 범주에 머물고 있다. 그러나 미생물을 넘어서 인간 유전자의 합성에 이르는 상황이 절대 찾아오지 않으리라고는 단정할 수 없다.

인공 생명체의 문제를 연구자의 기술이나 판단에만 맡기는 것은 너무나도 커다란 위험성을 내포하고 있는 것이다.

찾아보기